吞山怀谷

中国山水园林艺术

汪菊渊　著

北京出版集团
北京出版社

图书在版编目（CIP）数据

吞山怀谷：中国山水园林艺术 / 汪菊渊著. — 北京：北京出版社，2021.8

（大家艺述）

ISBN 978-7-200-13493-3

Ⅰ. ①吞⋯ Ⅱ. ①汪⋯ Ⅲ. ①古典园林—园林艺术—研究—中国 Ⅳ. ① TU986.62

中国版本图书馆 CIP 数据核字（2017）第 266556 号

总 策 划：安 东 高立志
责任编辑：王忠波 吴剑文
责任印制：陈冬梅
策划编辑：王忠波
图片提供：黄 晓
装帧设计：李 高

· 大家艺述 ·

吞山怀谷

中国山水园林艺术

TUNSHAN HUAIGU

汪菊渊 著

出 版 北京出版集团
北 京 出 版 社
地 址 北京北三环中路 6 号
邮 编 100120
网 址 www.bph.com.cn
总 发 行 北京出版集团
印 刷 北京华联印刷有限公司
经 销 新华书店
开 本 880 毫米 ×1230 毫米 1/32
印 张 7.625
字 数 140 千字
版 次 2021 年 8 月第 1 版
印 次 2021 年 8 月第 1 次印刷
书 号 ISBN 978-7-200-13493-3
定 价 78.00 元

如有印装质量问题，由本社负责调换
质量监督电话 010-58572393

目录

上篇

中国山水园的历史发展

下篇

中国古代园林艺术传统

（上篇）

中国山水园的历史发展

中国是一个地大物博、文化历史悠久、多民族的国家，创造了光辉灿烂的古代文化，有着极为丰富的文化艺术遗产和优秀传统，并产生了许多伟大的艺术匠师。中国园林的发展，从有直接史料（文字记载）的殷周的囿算起，已有3000多年的历史，在世界园林史上，不仅是起源古老、自成系统，而且是唯一能从古至今绵延不断地发展、演变，形成具有中华民族所特有的、独创的园林形式，著称为“中国山水园”[1]。

1

┐清代冷枚《避暑山庄图》，北京故宫博物院藏。避暑山庄为中国山水园的典范

第一章 西周素朴的囿

中国人民爱好以自然、山水的形式作为游息生活境域的历史，是十分悠久的，可以追溯到西周的灵囿和灵台、灵沼[2]。灵囿是就一定的地域加以范围，让天然的草木和鸟兽滋生繁育其中，供帝王贵族射猎和游乐的林园。所以，《诗经·大雅·灵台》篇说，文王在灵囿看到皮毛光亮的雌鹿和洁白肥泽的白鸟那种活生生的情态而得到美的享受。台是筑土坚高能自胜持的构筑物。登台可以观天文、察四时，又可眺望四野而赏心悦目。营台要用土而掘土，台成沼亦成，所以刘向《新序》上说："周文王作灵台，及于池沼。"灵沼渔养有鱼类，所以文王在灵沼，看到了池鱼跃出水面的情景。总起来说，灵囿不仅就一定的地域加以范围，保护其中自然景物、草木鸟兽，以资观赏和囿游，而且有人工营建的台和沼。台可以说是掇山的先驱，秦汉才开始在苑中筑山，也是夯土坚高而成，与台之不同在具有山的形象。灵囿和灵台、灵沼虽然十分原始，却是一个以素朴的自然、山水作为游息生活境域的最初形式[3]。

—2 周文王灵台池沼遗址

—3 西周灵囿、灵台、灵沼想象图

2

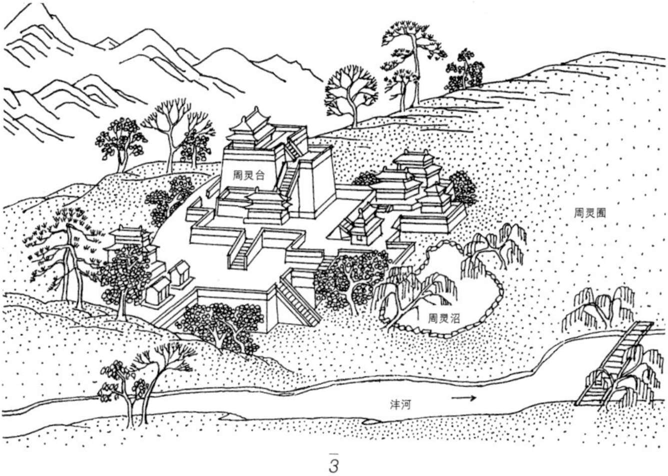

3

4 战国铜器上的高台图像，下为高台，上为屋舍，合称台榭

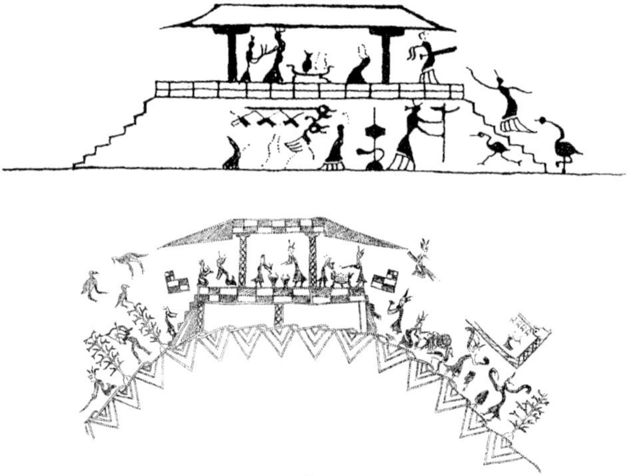

4

中国人民对自然、山水的热爱是十分深厚的，先秦时就开始用比、兴的方式来表现、传达人们对自然美的情感和观念。所谓“比者，以彼物比此物也”(《诗经集传》)。管仲开始以水比德，孔子曰“智者乐水，仁者乐山”，也以山水比德。所谓“兴者，先言他物以引起所咏之辞也”。例如《诗经 · 小雅 · 采薇》篇中，“昔我往矣，杨柳依依，今我来思，雨雪霏霏”，就是先言植物形象和气候景象来表达其情思。

春秋战国时代，囿仍然是帝王贵族进行射猎和游乐以快心神的场所，在内容上没有什么发展。但另一方面诸侯们都致力于“高台榭，美宫室”，成为他们一种享受生活需要和兴趣所在而盛极一时4。

第二章 秦汉建筑宫苑和『一池三山』

嬴政（秦始皇）统一六国之前就大营宫室，“每破诸侯，写放其宫室（照样画下），作之咸阳北阪上（照式建在咸阳北坡上）”。“二十六年（公元前221年）……作信宫渭南……自极庙（信宫更名）道通骊山，作甘泉前殿，筑甬道，自咸阳属之”（《史记·秦始皇本纪》）。《三辅黄图》载：“始皇穷极奢侈，筑咸阳宫（即信宫）……咸阳北至九嵕、甘泉（山名），南至鄠杜［地名鄠县（今户县）和杜原］，东至河，西至汧渭（水名）之交，东西八百里，南北四百里，离宫别馆，相望联属……穷年忘归，犹不能遍。”规模之宏大得未曾有。接着“乃营作朝宫渭南上林苑中，先作前殿阿房……周驰为阁道，自殿下直抵南山。表南山之巅以为阙，为复道，自阿房渡渭，属之咸阳”，其规模之宏伟壮丽，更是空前[5]。但对于囿苑，则任其自然，未曾像宫室那样刻意经营。

嬴政曾有山池之筑，《史记·秦始皇本纪》有“三十一年（公元前216年）十二月……夜出逢盗兰池”，后人疏注，

5 秦始皇阿房宫前殿夯土台遗址

5

兰池在咸阳县界。《秦记》载“始皇……引渭水为池，筑为蓬、瀛，刻石为鲸，长二百丈，逢盗之处也”；《三秦记》载“始皇引渭水为长池，东西二百里，南北三十里”。这些记载表明当时引渭水作兰池或长池，水域宏大，虽作神山，仅及蓬、瀛，刻石为鲸，象池为海。早在战国时代，沿海的燕、齐、吴、楚等国就已形成“海中三神山，诸仙人及不死之药在焉”的传说，但是，由此而有神山池海之筑，自秦、汉始。刘彻（汉武帝）也迷信神仙不死之药，憧憬海中仙境，求而不得，于是在建章宫北，“治大池，渐台高二十余丈，名曰太液池，中有蓬莱、瀛洲、方丈，壶梁象海中神山、龟鱼之属”（《史记·孝武本纪》）。值得注意的是筑山已具形象，根据传说中山梁如壶来筑山。《西京杂记》描述了太液池畔生长的多种水湿植物，飞禽委积成群，一派幽美的自然景象。可以想象当雾起水上，三神山在虚无缥缈中，仿佛仙境一般。帝王大都妄想长生不老，憧憬仙境，从而这种“一池三山”就成为后世宫苑中山池之筑的一个范例，当然其式样是有很多变化的[6]。

6 西汉建章宫苑平面复原示意图

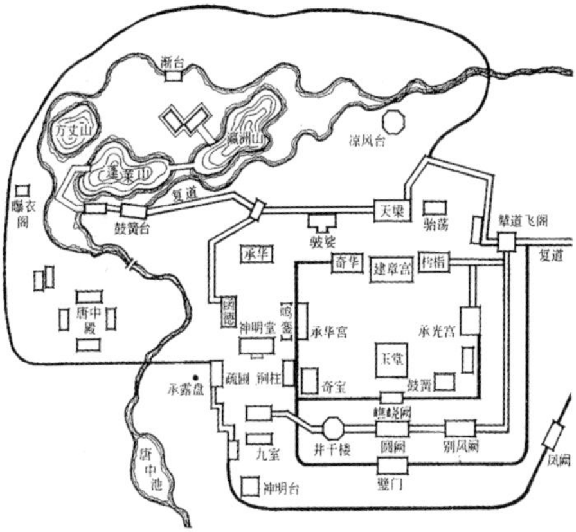

6

建章宫是外有宫垣，周围二十余里，除居住殿室在中轴线上，其他殿屋依势随形而筑，有错落变化，其北又有内苑的宫苑，又是隶属于上林苑的一个宫城。汉上林苑是刘彻就秦旧苑加以扩建而成，地跨长安、长宁、盩厔（今周至）、鄠县（今户县）、蓝田五县县境，“广长三百里，苑中养百兽，天子春秋射猎苑中，取兽无数。其中离宫七十所，容千乘万骑”（《汉书旧仪》）。由此可见“古谓之囿，汉家谓之苑”的史实，然而苑的内容不仅是囿游，而是向着多种多样享乐活动发展。《关中记》载：“上林苑门十二，中有苑三十六，宫十二，观三十五。”苑中之苑、宫、观各有其功能用途，如宜春苑为游息，御宿苑为游观止宿其中，思贤苑为太子立以招宾客，建章宫已如前述，宣曲宫是为度曲演唱的，有为种植破南越所得奇果异木珍花的扶荔宫，有为竞走赏玩的犬台宫、走狗观，有为饲养珍禽异兽奇鱼以资玩赏的观象

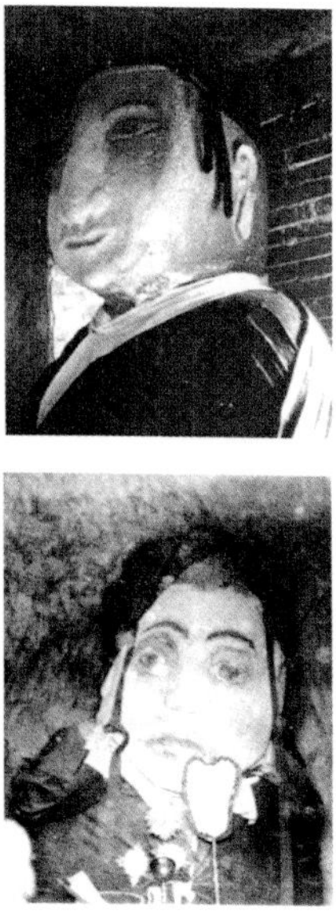

7
7 西汉昆明池牵牛、织女塑像遗物

观、白鹿观、鱼鸟观，有为角抵、作乐表演的平乐观，等等。

上林苑中还穿凿有许多池沼，最著称的是昆明池。《史记·平准书》：“越欲与汉用船战，遂乃大修昆明池，列观环之。治楼船高十余丈，旗帜加其上，甚壮。”《三辅故事》载：“昆明池三百二十五顷，池中有豫章台及石鲸。刻石为鲸鱼，长三丈，每至雷雨，常鸣吼，鬣尾皆动。立石牵牛织女于池之东西，以象天汉。”7又载：“有龙首船，常令宫女泛舟池中，张凤盖，建华旗，作棹歌，杂以鼓吹。帝御豫章观临观焉。”上林苑中除原有植被外，单是朝臣所上草木名就有2000多种（包括品种），《西京杂记》的作者就记忆所及而录出的就有近百种。

总的说来，上林苑是在一个广大地域内包罗着多种多样生活内容、以宫室建筑为主体的园林总体，苑中有苑、有宫、有观、有池。既继承了囿的传统，同时又向前推进了一大步，丰富了游息生活内容。由于离宫别馆相望，周阁复道相属，神丽光明的阙庭宫室建筑群成为苑的主体，我们特称之为秦汉建筑宫苑。至于通常的宫苑，大抵居住部分在前，内苑部分在后，如建章宫，内苑部分继承了古代的自然、山水的形式。

第三章 西汉山水建筑园

“一池三山”是模拟仙境的山池形式，比建章宫更早的梁孝王刘武（汉景帝刘启之弟）所建兔园是模仿自然、山水形式的园。据《西京杂记》载：“园中有百灵山，山有肤寸石、落猿岩、栖龙岫，又有雁池，池间有鹤洲凫渚。”这就是说，园中不仅筑土山，而且点有独立石块，或叠石仿岩、岫；又筑池，池间仿江中洲渚。这样的山池之筑是接近于自然的摹写，与“一池三山”之境迥异。又载：“其诸宫观相连，延亘数十里，奇果异树，瑰禽怪兽毕备。王日与宫人宾客钓其中。”可见兔园的主体仍是宫室，至于树、果、禽、兽，只求奇异瑰怪，以资夸耀和玩赏[8]。又载“茂陵富人袁广汉……于北邙山下筑园，东西四里，南北五里，激流水注其内，构石为山，高十余丈，连延数里”。这里明确指出，西汉时已能构石为山，才能高十余丈而胜持，筑山不是单独的山而是仿山脉之状，所以说连延数里。接着载“奇兽怪禽，委积其间。积沙为洲屿，激水为波潮，其中致江鸥

8 明代沈士充《梁园积雪图》，北京故宫博物院藏。梁园即梁孝王兔园，他与枚乘、司马相如的风雅集会成为后世诗人、画家热衷描绘的题材

8

海鹤……延漫林池。奇树异草，靡不具植”。但园中主体仍是建筑组群，所谓“屋皆徘徊连属，重阁修廊，行之移晷，不能遍也”。这两园都是以自然、山水形式，建筑宫室在其中，我们特称之为“西汉山水建筑园”。

东汉末年，帝皇仍好营苑囿，如顺帝刘保起西苑，桓帝刘志造显阳苑，灵帝刘宏作罼圭、灵昆苑。桓帝时大将军梁冀大起第舍，“又广开园囿，采土筑山，十里九阪，以象二崤。深林绝涧，有若自然，奇禽驯兽，飞走其间……又多拓林苑，禁同王家”。曹丕做了皇帝，迁都洛阳，营芳林园，起景阳山，树松竹草木，捕禽兽以充其中，使景物自然。魏明帝曹叡“于芳林园中起陂池，楫棹越歌”（《魏略》）。这时的苑囿仍不脱西汉的窠臼。

第四章 南北朝 自然（主义）山水园

魏晋南北朝是我国历史上一个长期大混乱时代。280年司马炎出兵灭吴，统一了全国，不过短暂二三十年时间稍为安定。接着八王之乱，使晋王朝很快瓦解。入居中原和内地的西北少数民族乘机展开争夺，形成十六国瓜分的局面，逼得晋王室东迁，在建康（今南京）建立东晋王朝。魏晋十六国统治者更好营宫室，雕饰楼阁。曹操在邺城建铜雀台、金凤台、冰井台，数百间屋周围弥复，三台崇举，其高若山，与诸殿皆阁道相通[9]。后赵石虎在襄国（今河北邢台）“起太武殿，基高二丈八尺，……漆瓦金铛，银楹玉壁，穷极伎巧”（《晋书·石虎纪》）。总之力求豪华奢侈，尤其重视细节手法，装饰图案，还吸取了一些外来因素。

十六国时期，石虎曾在邺城发动近郡男女十六万，车十万乘，运土筑华林苑（347年），夯筑长墙和山，工程浩大。后燕慕容熙在平城筑龙腾苑（407年），“广袤十余里，役徒二万人，起景云山于苑内，基广五百步，峰高十七丈。

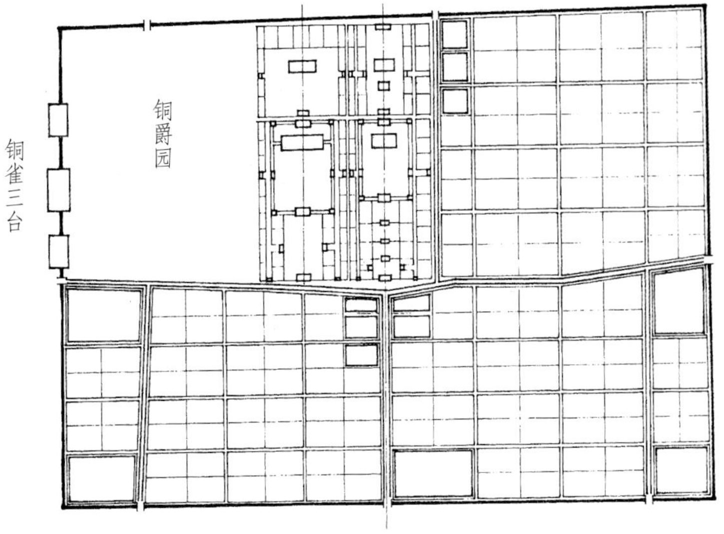

9

9 曹魏邺城平面示意图，铜雀三台位于城西

又起逍遥宫、甘露殿，连房数百，观阁相交。凿天河渠，引水入宫，又为其昭仪苻氏凿曲光海、清凉池”（《晋书·慕容熙载记》）。这时的筑山以仿真山为主。所以，山必求其宏大，峰必求其高峻，其基必广。

魏晋南北朝也是思想、文化、艺术上有重大变化，科学技术上有重要成就的时代。思想领域里影响最大的是玄学。晋时，还出现了山水诗，从玄言诗演变而来，不同的只是题材上变化。山水诗虽然直接描述山水，但把山水形象作为表达玄理的媒介，从山水中领略玄趣，追求与道冥合的精神境界。例如谢灵运的山水诗，尽管为世人所称颂，对于自然景物刻画细腻，但只能是一种概念性的描述。由于山水对于门阀贵族来说，只是外在游玩的对象，追求玄远的手段，并不与他们的生活、心境、意绪发生密切的关系，并不能使自然景物活起来（参见李泽厚《美的历程》）。

反映在南北朝时期的园林创作上，也是以再现自然、山水为主题，用写实手法，对山水的营造，刻画细腻，有若自然，甚至极林泉之致，但只为寻求真趣，并不能达到表现自然美的某种境界或意境的阶段。我们把这一时期的山水园称作“自然（主义）山水园”或“写实山水园”。

北朝北魏张伦于华林苑中“造景阳山有若自然，其中重岩复岭，嵚崟相属；深溪洞壑，逦迤连接；高林巨树，足使日月蔽亏；悬葛垂萝，能令风烟出入；崎岖石路，似壅而通；峥嵘涧道，盘纡复直。是以山情野兴之士，游以忘归”（《洛阳伽蓝记》）。这些描述表明，当时的掇山不是寻常一山，而是要再现出重岩复岭、深溪洞壑、崎岖石路、涧道盘行的像真山真水那样逼真的一个山水境域，才能使人游以忘归。也表明当时叠石掇山、察源理水的技巧已有很大成就，特别是形成高林巨树像山林一般，可能已具备了大树移植的工程技术。又一例如茹皓营园，“为山于天渊池西，采掘北邙及南山佳石；徙竹汝颖，罗莳其间；经构楼观，列于上下；树草栽木，颇有野致”（《魏书·茹皓传》）。这段描述表明，为山必须有佳石，才能点置峰石层崖，是土山戴石，才能莳竹其间，树草栽木。值得注意的是经构楼观，不再是楼观相延数里、十余里以建筑组群见胜，而是列于上下，使园林建筑也成为园景的组成部分。由此二例，可见这时的筑园已具备了地貌创作上有山有水，树草栽木要像自然植被一般，园林建筑要列于上下，点缀成景，即地貌、植物、园林建筑的题材相互结合起来组成自然（主义）山水园。

南朝，由于江南风景优美和文化上的特色，山水园又有所进展。南齐文惠太子（萧长懋）开拓元圃园，“其中起土山、池阁、楼观、塔宇，穷奇极丽，费以千万，多聚异石，妙极山水”（《南齐书》）。值得注意的是，不仅起土山，聚异石，妙极山水，而且塔、宇也成为园中造景的建筑。湘东王（梁元帝萧绎未称帝时封爵）“于子城中造湘东苑。穿池构山，长数百丈，植莲蒲，缘岸杂以奇木。其上有通波阁，跨水为之，南有芙蓉堂，东有禊饮堂，堂后有隐士亭，亭北有正武堂，堂前有射棚马埒……东南有连理堂……北有映月亭、修竹堂、临水斋。斋前有高山，山有石洞，潜行逶迤二百余步。山上有阳云楼，楼极高峻，远近皆见。北有临风亭、明月楼”（《渚宫故事》）。从这段描述可以了解到湘东苑以穿池构山即山水为主题，池植莲蒲，水景天成，缘岸奇木，景色增深，至于可潜行二百余步的石洞，想见当时构筑石洞的技术已有很大成就。另一方面，园林中建筑虽然较多，但各有其功能用途，而且成为园中之景。如跨水的通波阁和临水斋都是借水景而设的建筑。山上既有亭可息，又有楼可登以眺望园内之景，又可借景于园外。至于射棚马埒以供射箭骑马活动，是当时游乐和健体生活所需要。概括起来，穿池构山而有山水泉石，结合地宜进行植物造景，借景或活动需要而设园林建筑，这样综合组成的园林，成为今后一个时期内自然山水园的蓝本。

东晋时对后世山水园的发展有巨大影响的，就是被称为田园诗人的陶潜。陶渊明的超脱，实则是回避政治斗争。他蔑视功名利禄，不为五斗米折腰，宁肯回到田园去，是为了把精神安慰寄托在农村生活的饮酒、读书、作诗上，在田园劳动中找到归宿和寄托。正因为这样，在他的笔下，自然景色不再作为哲学思辨或徒供观赏的外化或表现，它们成为诗人生活、兴趣的一部分。例如“暧暧远人村，依依墟里烟”，“采菊东篱下，悠然见南山”，“种豆南山下，草盛豆苗稀，晨兴理荒秽，带月荷锄归”等陶诗中，即使是寻常景色，都充满了生命和情意，即使一般草木，也是情深意真的，既平淡无华，又盎然生意（参见李泽厚《美的历程》）。陶诗的这种艺术境界虽然没有直接影响当时的园林创作，但却成为后来的唐宋写意山水园的灵魂。又如陶潜《桃花源记》，其思想主题是描绘理想中农业社会的，但在章法上却提供了一种引人入胜的手法。如“缘溪行，忘路之远近。忽逢桃花林……欲穷其林。林尽水源，便得一山。山有小口，仿佛若有光……初极狭……豁然开朗”成为后人园林布局上的一种手法，归纳为“山重水复疑无路，柳暗花明又一村”[10]。

10

10明代仇英《桃花源记图》，美国波士顿艺术博物馆藏

第五章 佛寺丛林和游览胜地

南北朝时期，随着佛教勃兴，佛寺建筑大为开展。塔是南北朝时期的新创作，根据浮屠的概念，用我国固有楼阁建筑的方式来创建的，早期大部为木结构，逐渐砖石代替了木材。因为宗教宣传和信仰的关系，佛寺建筑可用宫殿形式，装饰华丽，金碧辉煌，并附有庭园，有其独特的种植。仅举北魏胡太后所建永宁寺为例，《洛阳伽蓝记》载："中有九层浮图一所，架木为之，举高九十丈，有刹复高十丈……刹上有金宝瓶，容二十五石，宝瓶下有承露金盘三十重，周匝皆垂金铎……浮图北有佛殿一所，形如太极殿，中有丈八金像一躯、中长金像十躯、绣珠像三躯、金织成像五躯……僧房楼观一千余间……栝柏松椿，扶疏拂檐，蘩竹香草，布护阶墀……四面各开一门……四门外树以青槐，亘以绿水，京邑行人多庇其下。"有关寺庙绿化的文字虽不多，但可看出在殿堂之庭，以松柏竹等常青为主，尤其是外围绿化，树以青槐，亘以绿水，使寺庙隐映在丛

11 北魏洛阳城佛寺林立的景象

11

林绿水之中[11]。寺观之筑不限于城内郊野，宏伟的有重大宗教影响的寺观往往选山水胜处营建。这样一来，寺观丛林不仅是信徒们朝佛进香的圣地，而且逐步成为一般平民借以游览山水和玩乐的胜地。

由于魏晋以来崇尚自然的思想和南朝文化上特色引起的美术上变化，尤其是山水画的发展，出现了探幽选胜、游历山水的风尚。如宗炳好游山水，游辄忘归，“凡所游历，皆图于壁”，可见他是从真山真水出发来作山水画的。《晋书》载王羲之“既去官，与东土士人尽山水之游，弋钓为娱”。《宋书》记述孔淳之“性好山水，每有所游，必穷其幽峻，或旬日忘归”。也有为了经营庄园而纵情山水。如谢灵运，家在始宁（今浙江上虞区南），有“故宅及墅”，经过修营，“傍山带江，尽幽居之美”。他还曾请求政府拨予两个湖，企图辟为湖田。他在会稽，“经常凿水浚湖，功役无已”（《宋书·谢灵运传》）[12]。

南朝时，一些风景优美的胜区，逐渐地不仅有寺观，还有聚徒讲学而设的书院、学馆、精舍，以及山居、别业或陵

12谢灵运始宁山居平面示意图，王欣绘。始宁山居为魏晋山水园的代表作

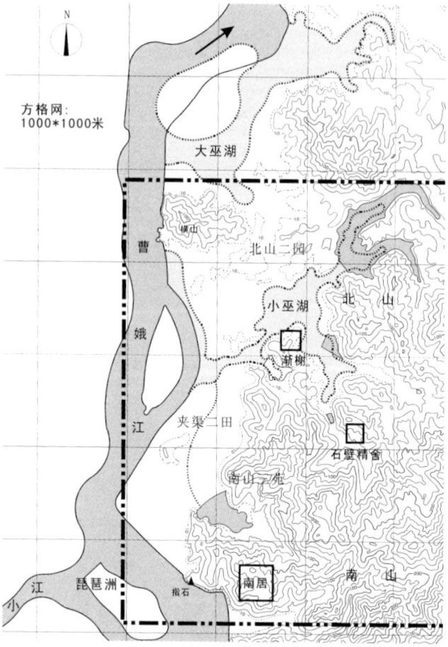

12

墓。这样，胜地的自然风光中渗入了人文景观，益以历史文物、神话传说、风土民情等融合，经过长期发展，成为今天我们称之为具有中国特色的风景名胜区。南朝正是具有自然、人文、社会景观为内容和特质的风景名胜区的奠基时代。

第六章 隋山水建筑宫苑

杨广（即隋炀帝）登位后每月役丁二百万营造东京洛阳，“又于阜涧营显仁宫，苑囿相接，北至新安，南及飞山，西至渑池，周围数百里”（《隋书·食货志》）。在众多宫苑中，要以西苑为最宏伟，并具新的特色而著称于园林史上。

《大业杂记》载：“大业元年（605年）夏五月筑西苑，周二百里……苑内造山为海，周十余里，水深数丈，其中有方丈、蓬莱、瀛洲诸山，相去各三百步。山高出水百余尺，上有通真观、习灵台、总仙宫，分在诸山。”西苑的造山为海，跟汉建章宫的“一池三山”虽属一脉相传，但有不同。建章宫的三神山，仅言其形如壶，未言有何建筑，而隋西苑神山上，有台观宫阁，而且“风亭月观，皆以机成，或起或灭，若有神变”。

西苑的特色在“海北有龙鳞渠，屈曲周绕十六院入海”。江南水乡往往开渠泄水而出圩洲，如果看一下吴江同里镇平面图，一块块水渠围绕的圩洲就好像龙鳞一般。西苑的

13《元河南志》所附『隋上林西苑图』

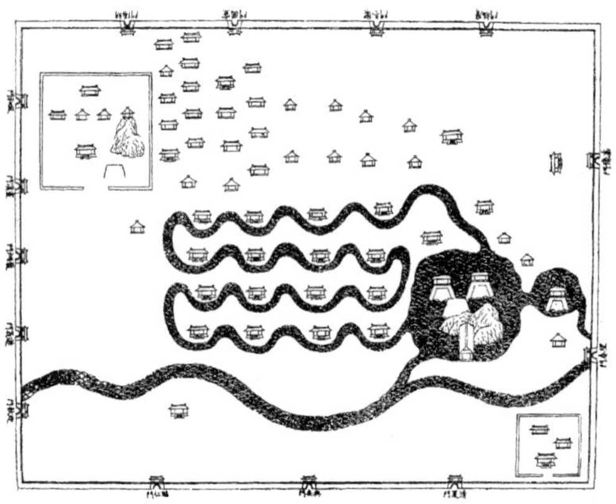

13

情况正相反，是凿地开渠引水以构成十六个圩洲，即十六院基址。《大业杂记》还记载了十六院的院名及布置情况。“每院开西、东、南三门，门并临龙鳞渠。渠面宽二十步，上跨飞桥。过桥百步即杨柳修竹，四面郁茂，名花异草，隐映轩陛。中有逍遥亭，四面合成，结构之丽，冠绝今古。”“其外游观之处复有数十。或泛轻舟画舸，习采菱之歌，或升飞桥阁道，奏游春之曲。”13

《隋炀帝海山记》对西苑布局的说法不同。“苑内为十六院（同），聚巧石为山（不同），凿地为五湖四海（《大业杂记》《隋书》所无）。”“又凿北海，周环四十里（《大业杂记》为十余里），中有三山……水深数丈，开沟通五湖四海。”这段描述令人想起北齐高纬的仙都苑。苑周数十里，中心为引漳水入园汇成的长池。池内岛屿五，象征“五岳”；池分水域四，象征“四海”；有水道四，象征“四渎”。环池沿岸

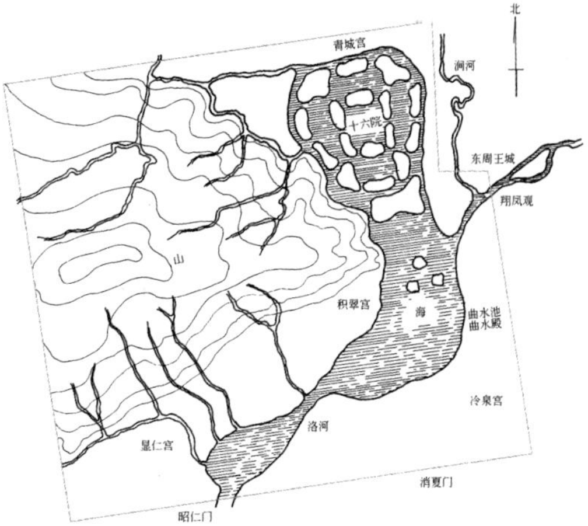

14 隋西苑复原示意图

14

有观堂殿楼建筑。

西苑布局的特点是造山为海，海北开渠筑圩十六，或五湖四海中圩洲十六。这样宏伟的湖山水系的修建，与隋炀帝发展漕运、游江都而开掘运河的巨大水利工程而达到很高技术水平，是分不开的。海中三神山虽属旧套，但亭观可起灭若神变，足见当时制作技巧之精。具新意的是海北开龙鳞渠或五湖四海中十六院，苑中宫室建筑不再蹈袭秦汉那种周阁复道相属的建筑群形式，而是因渠分成十六组庭院，每院有一组建筑和庭园，好比是苑中之园，通过水渠导引而又连成一体，西苑的布局可以明显地看出，受南北朝自然（主义）山水园的影响而转变到以湖山水系和洲圩为境域，宫室建筑在其中的新形式，是我国宫苑演变到纯以山水为主题的北宋山水宫苑的一个转折点，我们特称之为隋山水建筑宫苑14。

第七章 唐长安城宫苑和游乐地

唐朝是继汉以后一个伟大朝代，300年中工商业一直向上发展，因为疆域的扩大，对外贸易也很发达。唐朝文化，继承南北朝发展水平的基础上，又吸收了外来文化因素的营养，是中国封建社会中光辉灿烂的时期。经济繁荣昌盛和长期安定局面是产生唐朝伟大文化的基础。

唐长安城的宫苑，自李世民（唐太宗）以来，兴建日盛，其壮丽不让汉朝专美于前。主要宫苑有西内太极宫，东内大明宫，南内兴庆宫和大内三苑，即西内苑、东南苑和禁苑。太极宫规模最宏伟庞大，占地3.4平方公里。大明宫不仅有崇台上雄伟的含元殿，还有居宫北的太液池（又名蓬莱池），池中有蓬莱山（岛）独踞，池周建回廊400多间，别有一番景色[15]。兴庆宫以椭圆形、洋洋乎的龙池为中心，围有多组建筑。池前有龙堂，建台上；池东一组建筑，中心为沉香亭；西有勤政务本楼，又有花萼相辉楼连成一体；还有其他楼阁多组，相互辉映，绮丽豪华[16]。大内三苑中，以

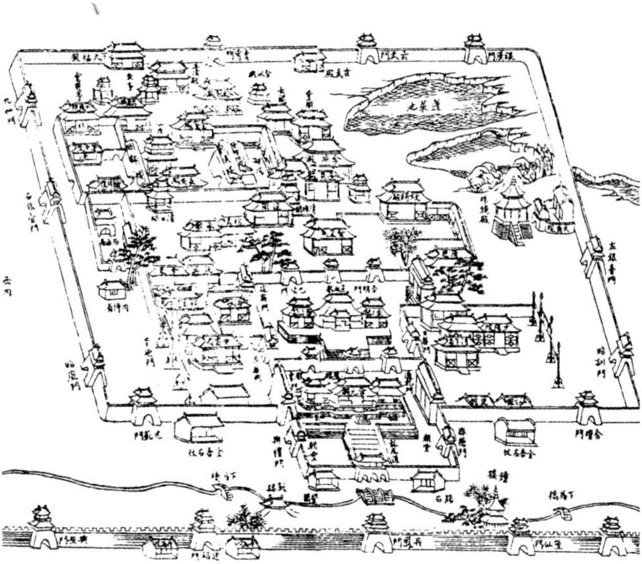
15

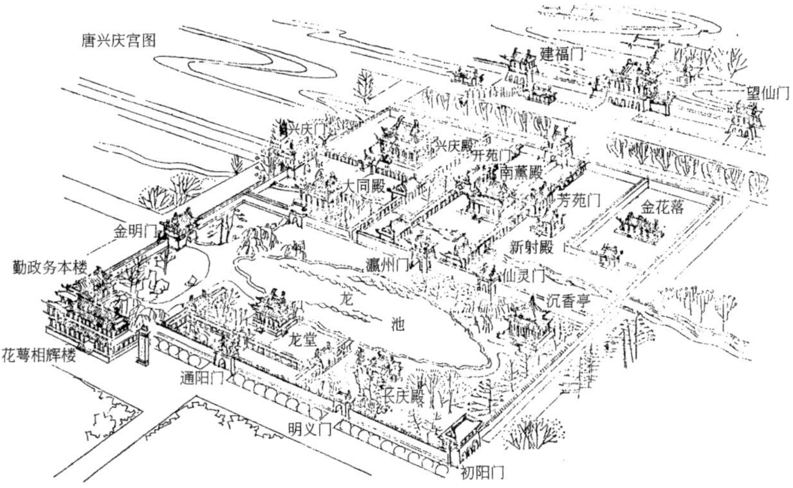

16

15 唐代大明宫鸟瞰图

16 唐代兴庆宫图

西内苑为最优美，苑中有假山，有海池四，渠流连环，更有亭台楼阁与海池花木结合之胜。

长安城东南隅，秦汉称宜春、乐游苑，隋时有池名芙蓉池，苑名芙蓉园，唐时大行疏凿，辟为曲江池，占地二坊。这里青林重叠，池水澄清，两岸宫殿延绵、楼阁起伏，芙蓉（即荷花）盛开时为都中第一胜景。其内苑部分为皇帝专用小苑，外苑部分是皇帝赐宴大臣与及第进士曲江宴之处，也是文人学士流觞作乐宴集之处。每当中和（二月初一）、上巳（三月三日）等节日，平民也可前去游乐，曲江池逐渐成为公共行乐的胜地。

唐朝的离宫别苑，著称的有在麟游县天台山的九成宫（隋称仁寿宫），李世民和李治（唐高宗）常春去冬还，是避暑的夏宫[17]；有在临潼区骊山之麓的温泉宫，后改称华清宫[18]，李隆基（唐玄宗）自十月往，岁尽乃返，是避寒的冬宫；它们都是据天然胜地，随形因势以筑的别苑。唐朝在宫室建筑上有所发展，但在宫苑内容上没有多大变化。而山居、园池方面，受当时文化艺术思想、社会风尚和山水画的影响，都有了重大变化。

17 唐代李思训《九成宫避暑图》，北京故宫博物院藏

18 唐代华清宫示意图

17

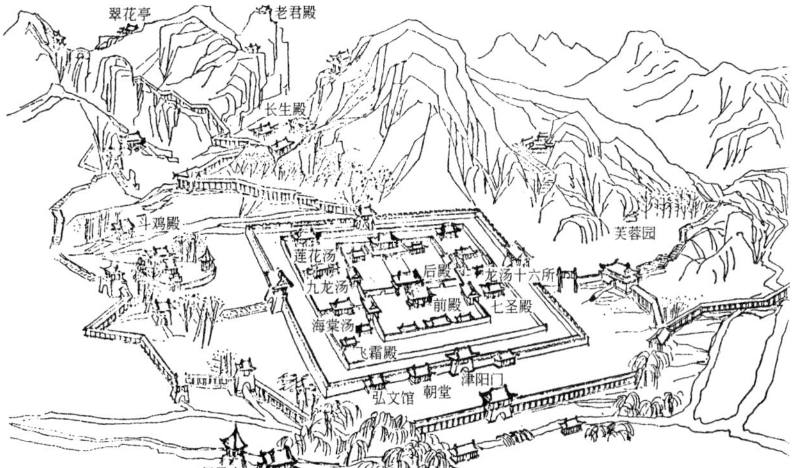

18

第八章 唐自然园林式别业山居

盛唐时期，山水画作为独立画科已有很大进展，格法完成，名家辈出。“山水之变始于吴（道子）成于二李（思训、昭道）。”（张彦远《历代名画记》）李氏父子以金碧青碧着色山水，成一家法[19]。同时还有王维、张璪、郑虔、王宰等都是创造性的山水画家，以写实手法，传神力量，体现自然山水之美，形式上除青绿外，有破墨（王维）、泼墨（王洽）等。特别是王维，以水墨皴染法作破墨山水，对后世山水画技法的发展影响深远。据说，他的画清雅闲逸，带有柔情的恬淡的诗意。苏轼称他的诗是诗中有画，称他的画是画中有诗，把文学和艺术结合起来。正如山水画开始了寄兴写情的画风，园林上也开始了体现山水之情的风格。

就是这位王维，在蓝田县天然胜区，以自然景色为主题，略加建筑点缀，经营辋川别业。据《辋川集》，王维同裴迪所赋绝句，参照后人的辋川图，可以了解到辋川别业位于一个冈岭起伏，纵谷交错，有泉有瀑，有溪有湖，自然

19 唐代李思训《江帆楼阁图》，台北故宫博物院藏

19

20 北宋郭忠恕摹《王摩诘辋川图》，台北故宫博物院藏

21 唐代王维辋川别业想象图

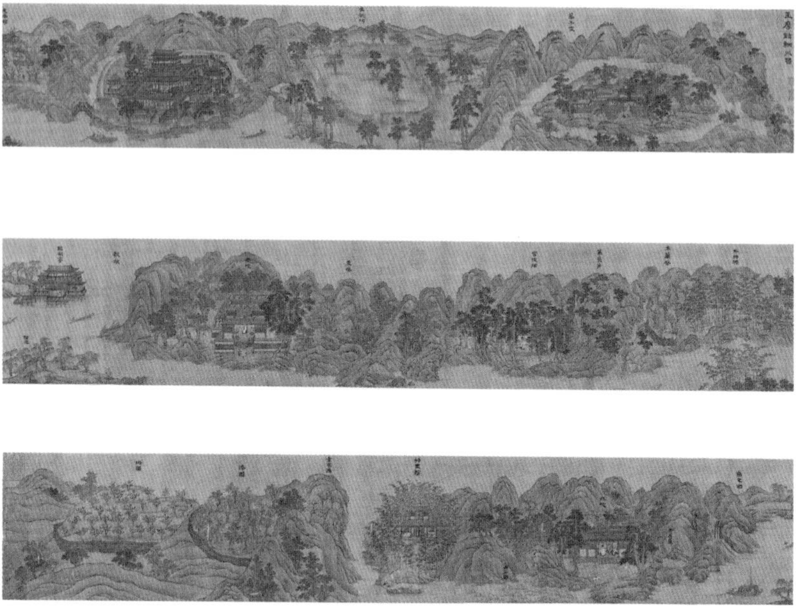

20

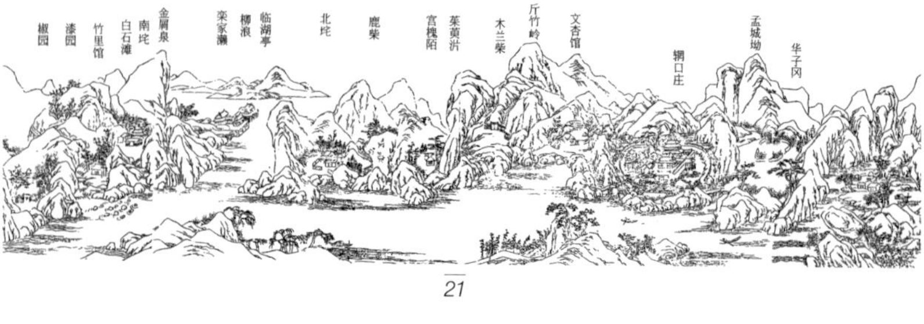

21

植被丰富的山谷地区[20]。王维的别业之营，因自然植被和山川泉石建筑所形成的景以题名，而有孟城坳、华子冈、文杏馆、斤竹岭、鹿柴、木兰花（柴）、茱萸沜、宫槐陌、临湖亭、南垞、欹湖、柳浪、栾家濑、金屑泉、白石滩、北垞、竹里馆、辛夷坞、漆园、椒园等景区。仅在可歇处、可观处、可借景处，相地而筑宇屋亭馆，从而形成既富自然之趣，又有诗情画意的自然园林[21]。

在唐朝，具这样一种意趣的山居别业，成为一时风尚。白居易“始游庐山，东西二林间香炉峰下，见云山泉石，胜绝第一，爱不能舍，因置草堂”（《与微之书》）[22]。《庐山草堂记》写道：“是居也，前有平地……中有平台……台南有方池……环池多山竹野卉，池中生白莲、白鱼……堂北五步据层崖积石，嵌空垤塊，杂木异草，盖覆其上……堂东有瀑布，水悬三尺，泻阶隅，落石渠，昏晓如练色。”又描写了“其四旁耳目杖履所及”的景色，“春有锦绣谷花（花为映山红），夏有石门涧云，秋有虎溪月，冬有炉峰雪”。又说，至于阴晴、显晦、晨昏的千变万状的景色，就不是笔墨所能尽记的了。柳宗元的散文作品中，常涉及营园的技法，有独到之处。仅举《柳州东亭记》为例，他说：“出州南谯门，左行二十五步，有弃地在道南。南值江，西际垂杨传置，东曰东馆。”他认为这块弃地，虽然目前看来草木混杂且深，蛇得以为薮，人莫能居，但实是一块未雕的璞玉。于是就斩除荆丛，去杂疏密，种植竹、松、柽、桂、柏、杉等，配置堂、

22 | 唐代白居易庐山草堂图

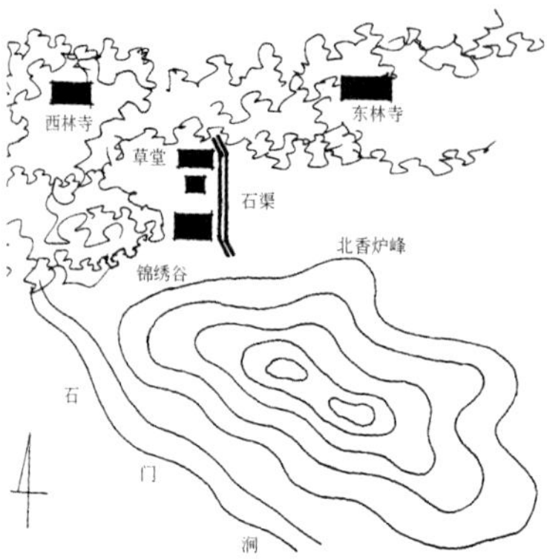

22

亭。东亭前出二翼，凭空拒江，江化为湖，这是何等巧妙的手法！这段记文给我们很大启发，只要能认识自然朴素的美，充分利用原有的条件，去杂疏密，种植需要的园景树，加以润饰，点缀亭馆建筑，运用艺术技巧来造景、借景，就能构成优美的园林。

第九章 唐宋写意山水园

从中晚唐到宋朝，世俗地主取代了门阀地主，社会上层风尚，日趋奢华、安闲和享乐。地主、士大夫的地位优越，他们一方面仍沉溺于繁华都市的声色中，同时又日益陶醉于自然、田园之美的景色中。正如郭熙、郭思《林泉高致》中所说："然则林泉之志，烟霞之侣，梦寐在焉……不下堂筵，坐穷泉壑……山光水色，滉漾夺目，此岂不快人意实获我心哉，此世之所以贵夫画山水之本意也。"[23]由于地主、士大夫的心理和审美趣味有了变化，要求生活和自然在心境上合为一体，即使身居市井，也能闹处寻幽，于是宅旁葺园池，近郊置别业。唐长安城，不仅坊里第宅园池寺观林立，而且南郊以至樊杜数十里间，公卿园池，布满川陆[24]。

唐以洛阳为东都，"方唐贞观开元之间，公卿贵戚开馆列第于东都者，号千有余邸。及其乱离，继以五季之酷，其池塘竹树……废而为丘墟。高亭大榭，烟火焚燎，化而

23 北宋郭熙《早春图》，台北故宫博物院藏

23

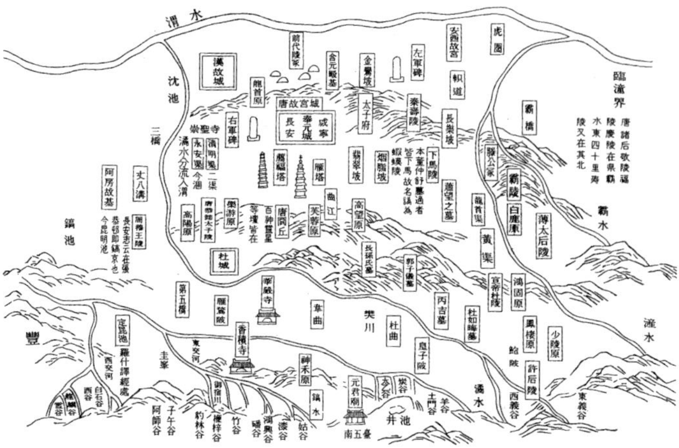

24 唐代城南名胜古迹图

为灰烬”（李格非《题〈洛阳名园记〉后》）。宋朝建都汴州称东京，建有大量第宅园池，以洛阳为西京，其第宅园池多半就隋唐之旧。唐宋洛阳名园早成废墟掩没，幸有李格非《洛阳名园记》传世，评述名园十有九处，可借以了解已成历史陈迹的唐宋宅园面貌。仅举数例以窥一斑。

洛阳诸园中有以古松巨竹、景物苍老见胜的例如“松岛”[25]，园多数百年古松，又葺亭榭池沼，植竹木其旁。南筑台，北构堂，又东有池，池前后为亭临之。自东大渠引水注园，清泉细流，涓涓无不通处。又如“苗帅园”[26]，入门七叶树二，“对峙高百尺，春夏望之如山然”，就其北建一堂。园中竹百余竿，皆大满二三围，就其南建一亭。园之东有水自伊水来，可泛大船，就水旁建亭。有大松七株，引水绕之。有水池植莲荷，构轩跨水上。

25 北宋松岛平面示意图

26 北宋苗帅园平面示意图

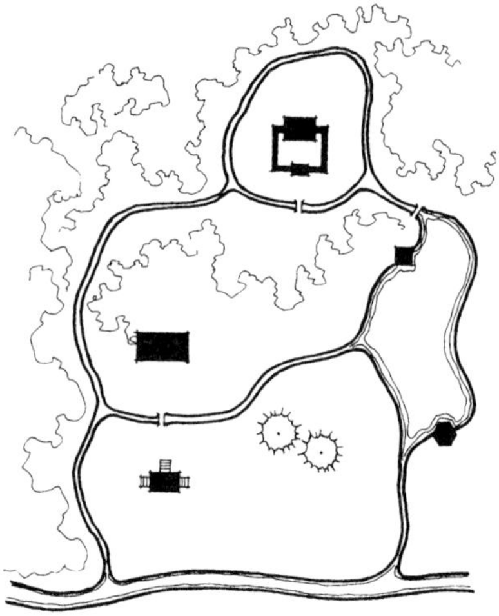

25

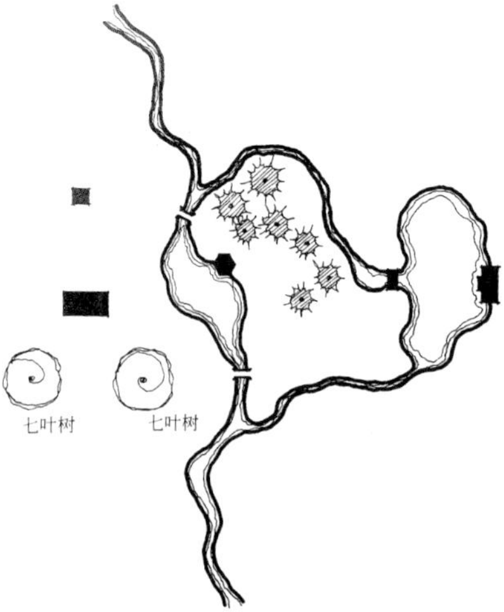

26

27 北宋环溪平面示意图

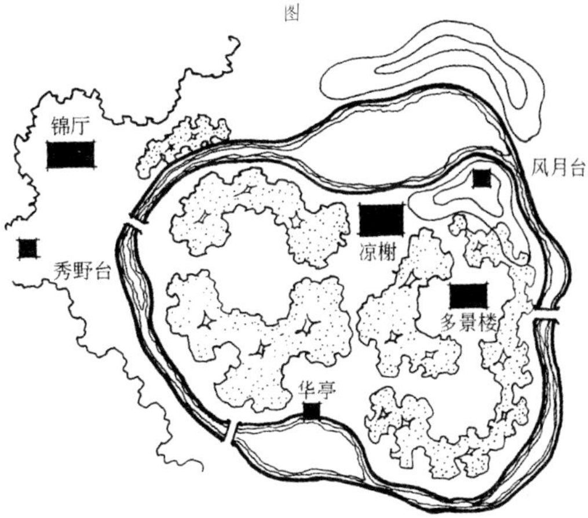

27

有以溪湖水景取胜的，如“环溪”27，王开府宅园，“华亭者，南临池，池左右翼而北，过凉榭，复汇为大池，周回如环”，几句话就把全园轮廓勾勒出来。园的特色就在以溪接池如环的水域中布置亭榭楼台：“有多景楼，以南望则嵩高少室，龙门大谷，层峰翠巘，毕效奇于前。榭北有风月台，以北望则隋唐宫阙楼殿，千门万户，岧峣璀璨，延亘十余里……可瞥目而尽也”。“凉榭，锦厅，其下可坐数百人，宏大壮丽，洛中无逾者”。“园中树松桧花木千株，皆品别种列，除其中为岛坞，使可张幄次，各待其盛而赏之”。环溪的布局和手法，多巧妙之处，值得学习。理水上，收而为溪，放而为池，使多样水景得以展开，树海中除岛坞，搭帐幕以赏盛花，尤见匠心。一台一楼，使层峰翠巘的风光美景，宫阙楼殿的建筑远景，全收园中，确能巧于因借，至于凉榭、锦厅之宏大壮丽，尤其韵事。又如“湖园”28，“在唐

28 北宋湖园平面示意图

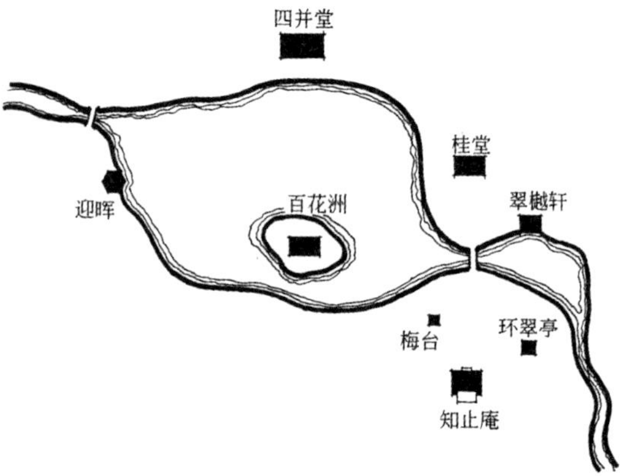

28

为裴晋公（裴度）宅园”。宋时概况：“园中有湖，湖中有堂，曰百花洲，名盖旧，堂盖新也。”布局上，全园以湖为中心，湖中有洲，湖外建二堂一亭。“湖北之大堂曰四并堂。其四达而当东西之蹊者，桂堂也。截然出于湖之右者，迎晖亭也。”身临园中望湖，一片开朗平远水景，湖中眺四岸，或堂或亭，各为一景。《洛阳名园记》接着写道：“过横池（是大湖余势），披林莽，循曲径而后得者，梅台、知止庵也。”从明朗的湖区，经丛林中曲径而到闭合幽曲景区，形成明显对比。“自竹径望之超然，登之脩然者，环翠亭也。”这里花卉鲜艳，轩亭临池，光亮心悦。《洛阳名园记》作者借口“洛人云：园圃之胜不能相兼者六，务宏大者少幽邃，人力胜者少苍古，多水泉者艰眺望，兼此六者，惟湖园而已，予尝游之，信然”。真是推崇备至。

有以展开多样景区见胜的，如“董氏西园”29。“自南门

29 北宋董氏西园平面示意图

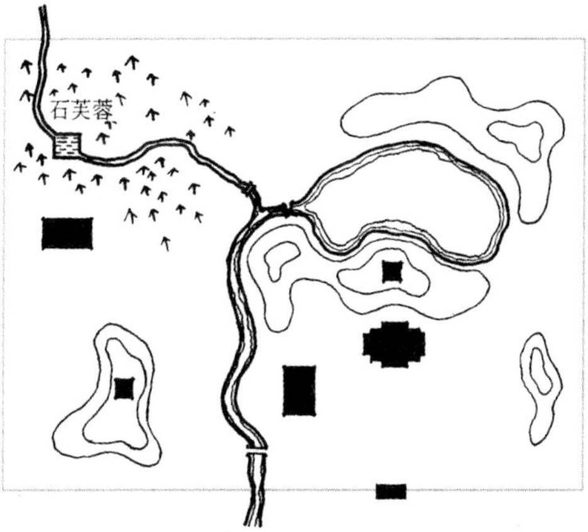

29

入，有堂相望者三，稍西一堂，在大池间（成一小区）。逾小桥（小桥流水本身即一景），有高台一（登台而眺，全园在望中，是一起或称一开，是引人入胜手法）。又西一堂，竹环之，中有石芙蓉（石雕荷花），水自其花间涌出（为人工涌泉）。开轩窗，四面甚敞，盛夏燠暑，不见畏日，清风忽来，留而不去（此处避暑纳凉最相宜），幽禽静鸣，各夸得意。此山林之景，而洛阳城中遂得之于此（不愧城市山林之称）。”然后“小路抵池，池南有堂，面高亭。堂虽不宏大，而屈曲甚邃，游客至此，往往相失，岂前世所谓‘迷楼’者类也”。西园特色是在起结开合中展开多样景区，或幽深，或畅朗，意趣各异。此外，“亭台花木，不为行列”，任其自然。又如“富郑公园”（富郑公是爵位）30。“洛阳园池，多因隋唐之旧，独富郑公园，最为近辟，而景物最胜”。“自其第东出探春亭（小引）登四景堂，则一园之景胜，

30 北宋富郑公园平面示意图

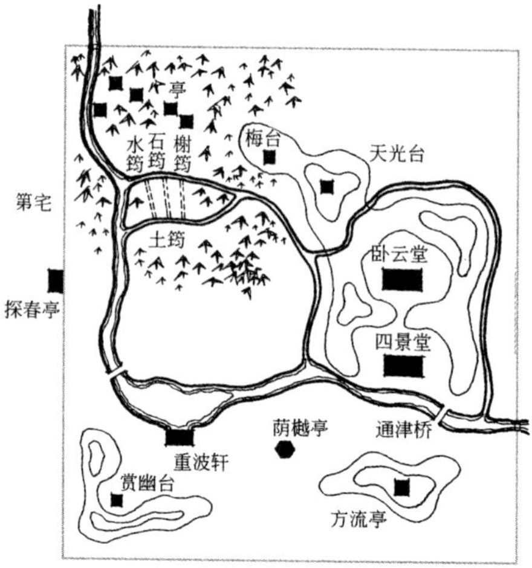

30

可顾览而得（一起）。南渡通津桥，上方流亭，望紫筠堂而还（为一景区）。右旋花木中，有百余步，走荫樾亭、赏幽台，抵重波轩而止（水南景区）。”“直北……入大竹中。凡谓之洞者，皆斩竹丈许，引流穿之，而径其上（颇为别致）。横为洞一，曰土筠，纵为洞三，曰水筠、曰石筠、曰榭筠。历四洞之北，有亭五，错列竹中，曰丛玉、曰披风、曰漪岚、曰夹竹、曰兼山。稍南有梅台，又南有天光台，台出竹木之杪（这是以竹取胜有洞有亭有台的景区）。”“遵洞之南而东，还有卧云堂。堂与四景堂并南北，左右二山，背压通流，凡坐此，则一园之胜可拥而有也。”富郑公园与董氏西园，在展开多样景区上，有异曲同工之妙。

从上例可以看出，唐宋宅园都采取山水园形式。在一块面积不大的宅旁地里，就低开池浚壑，理水生情，因高掇山多致，接以亭廊，表现山壑溪涧池沼之胜。探园起亭，览胜筑台，茂林蔽天，繁花覆地。小桥流水，曲径通幽。往往以人与自然处在亲切、愉悦、幽静的关系之中为意境。在这个山水为主题的生活境域中，以吟风弄月、饮酒赋诗、探梅煮雪、歌舞侍宴等风雅生活为内容。洛阳诸名园各有特色擅胜，是根据作者对山水艺术的认识和生活要求，因地制宜去体现山水之真情、诗情画意的境界，我们特称之为唐宋写意山水园。

第十章 北宋山水宫苑——艮岳

北宋建都汴州（今开封）称东京，曾多次诏试画工修建宫殿，大都先有构图，然后按图营造。这样，一方面促进了建筑技术的成熟和法式则例的规定，同时也发展了界画、台阁画。宋初，汴京有著名四园[31]，即玉津园（后周所开）、宜春苑、琼林苑（赵匡胤时经营）和金明池（教练水军和水上游戏用）[32]。赵佶（宋徽宗）登位后，兴筑日盛，先后修建玉清和阳宫、延福宫、上清宝箓宫、宝真宫等，都是“绘栋雕梁，高楼邃阁”，也都有苑囿部分。如延福宫中“楼阁相望。引金水天源河，筑土山其间，异花怪石，奇兽珍禽，充满其间”，“岩壑幽胜，宛若生成”。又如玉清和阳宫葆和殿前“种松、竹……后列太湖之石。引沧浪之水，陂池连绵，若起若伏，支流派别，萦行清泚，有瀛洲方壶长江远渚之兴……”

政和七年（1117年）始筑万岁山，后更名艮岳[33]，位于宫城东北隅，地势原本低洼，于是按图度地，垒土积石，增

31 北宋开封宫苑分布图

32 北宋张择端《金明池夺标图》，天津博物馆藏

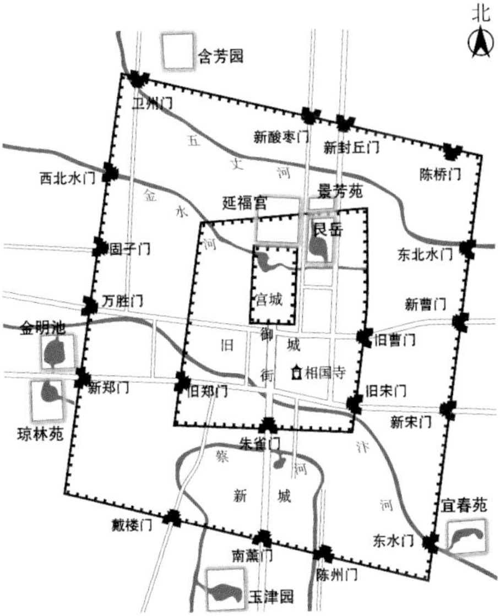

31

32

33 北宋艮岳平面复原示意图

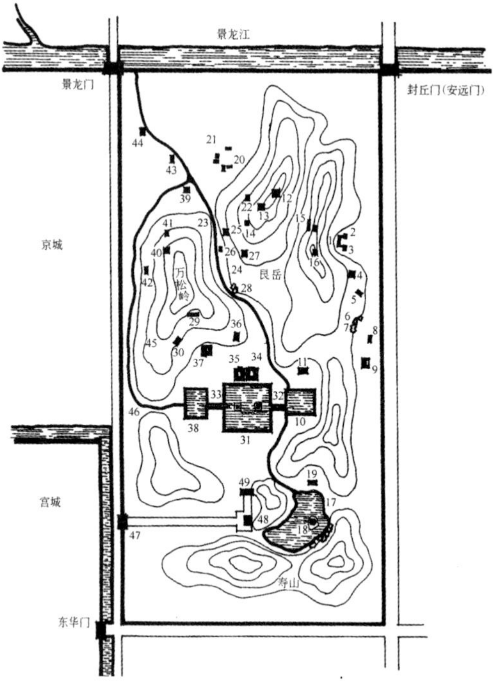

33

筑冈阜，山周十余里。赵佶《艮岳记》描述，“冈连阜属，东西相望，前后相属，左山而右水，沿溪而傍陇，连绵而弥满，吞山怀谷”，是全景整体地表现自然山水的境域。具体的布局景色是：“其东则高峰峙立（上有介亭等），其下植梅以万数，绿萼承趺，芬芳馥郁（梅花取胜景区）。结构山根，号绿萼华堂。又旁有承岚、昆云之亭。有……书馆，又有八仙馆……又有紫石之岩，祈真之磴，揽秀之轩，龙吟之堂（山东南麓又一景区）。其南则寿山嵯峨，两峰并峙，列嶂如屏。瀑布下入雁池，池水清泚涟漪。凫雁浮泳水面，栖息石间，不可胜计（是寿山雁池景区）。其上（艮岳南坡）亭曰噰噰。北直绛霄楼（依岩势而筑）…… 其西则参术杞菊，黄精芎䓖，被山弥坞，中号药寮（与求长生修道有关而设）。又禾麻菽麦黍豆粳秫，筑室若农家，故名西庄（借以表示重农）。上有亭曰巢云，高出峰岫，下视群岭，若在掌上。自南徂北，行冈脊两石间，绵亘数里（为岩谷景区），与东山相望。水出石口，喷薄飞注如兽面，名之曰白龙渊，濯龙峡 …… 罗汉岩（溪谷景区）。又西半山间，楼曰倚翠，青松蔽密，布于前后，号万松岭（岭平夷），上下设两关（以增险势），出关下平地，有大方沼。中有两洲，东为芦渚，亭曰浮阳，西为梅渚，亭曰云浪。沼水西流为凤池，东出为研池（即雁池，渚池相连成水系，为湖沼平原景区）。中分二馆，东曰流碧，西曰环山。馆有阁曰巢凤，堂曰三秀 …… 东池后结栋山下，曰挥云厅。复由磴道盘纡萦曲，扪石而上，既而山绝路隔，继之以木栈。倚石排空，周环曲折，有蜀道之难。跻攀至介亭，此最高于诸山。前列巨石凡三丈许，号排衙，巧怪巉岩，藤萝蔓衍，若龙若凤，不可殚穷。麓云、半山（亭名）居右，极目、萧森居左 …… 西行 …… 为漱玉轩。又行石间为炼丹亭、凝真观、圌山亭。…… 北岸万竹苍翠蓊郁，仰不见明，有胜云庵、蹑云台、消闲馆、飞岑亭，无杂花异木，四面皆竹也（竹林幽胜区）。又支流为山庄，为回溪（山野景区）。自山蹊石罅，搴条下平陆，中立而四顾，则岩峡洞穴，亭阁楼观，乔木茂草，或高或下，

34 北宋艮岳复原示意图。李楚杨绘

34

或远或近……四向周匝，徘徊而仰顾，若在重山大壑幽谷深岩之底，而不知京邑空旷坦荡而平夷也……此举其梗概焉。”艮岳之营，据赵佶自云，是为了“放怀适情，游心玩思”，如上所述，不愧为典型性山水的杰作。《艮岳记》也说：“而东南万里，天台雁荡凤凰庐阜之奇伟，二川三峡云梦之旷荡，四方之远且异，徒各擅其一美，未若此山并包罗列，又兼其绝胜，飒爽溟涬，参诸造化。”在这样一个兼胜的境域中，多方穿凿景物，树木花草以群植成景为特色，亭台楼阁，随势因宜，布列上下，好似天造地设，自然生成。“及夫时序之景物，朝昏之变态也……而所乐之趣无穷也”，“虽人为之山”，“若开辟之素有”，我们特称之为北宋山水宫苑34。

艮岳的掇山，多叠石以增雄拔峻峭之势，又多独立特置怀奇特异之石。置石风气，南朝已开其端。《南史·列传第十五》：“溉（姓到）第居近淮水，离前山池，有奇礓石，

35 唐代阎立本《职贡图》，台北故宫博物院藏。图中的奇石和盆景皆为贵重的贡品

35

长一丈六尺，帝（梁武帝）戏与赌之（对棋作赌物）…… 溉并输焉。”初唐阎立本绘《职贡图》，上有肩扛、手托作贡品的玲珑山石35，也为园林中置石明证。唐白乐天“罢杭州得天竺石一，苏州得太湖石五，置里第池上”（《旧唐书》）。宋时宫苑中置石更甚。僧祖秀《华阳宫（即艮岳）记》：“于西入径，广于驰道，左右大石皆林立，仅百余株，以神运昭功敷庆万寿峰而名之。独神运峰广百围高六仞，锡爵盘固侯，居道之中，束石为亭以庇之 …… 其他轩榭庭径，各有巨石，棋列星布，并与赐名。”赵佶为了搜罗花木奇石，置“花石纲”，“调民搜岩剔薮 …… 断山辇石，虽江湖不测之渊，力不可致者，百计以出之 …… 舟楫相继，日夜不绝 …… 大率灵璧、太湖诸石，二浙奇竹异花，登莱文石，湖湘文竹，四川佳果异木之属，皆越海渡江，凿城郭而至 …… 竭府库之积聚”（张淏《艮岳记》）。赵佶就是这样劳民伤财，荒唐行事，给人民带来了极大灾难。

第十一章 元明清宫苑

元明清三朝建都北京地区，大力营造宫室内苑，并在郊野建离宫别苑多处。其中有些可称园林杰作，是在北宋山水宫苑的传统基础上更进一步向前发展并有新意。

第一节 太液池琼华岛

今北京北海地区，辽时已是游览地，金时开挑海子称金海，垒土成山（即琼华岛），运来艮岳奇石堆叠，栽植花木，营构宫殿（山顶有广寒殿），作为游幸之所。元世祖忽必烈灭金营建大都时，以池、岛为皇城核心，池东为宫城，池西为兴圣宫和隆福宫[36]。太液池中南面一小岛称瀛洲，上有仪天殿，在圆坻上（今称团城，按元时圆坻在水中）。北面一岛即琼华岛（因适在禁中，赐名万岁山），面积较大，“中统三年（1262年）修缮之……其山皆叠玲珑石为

36 元大都复原想象图

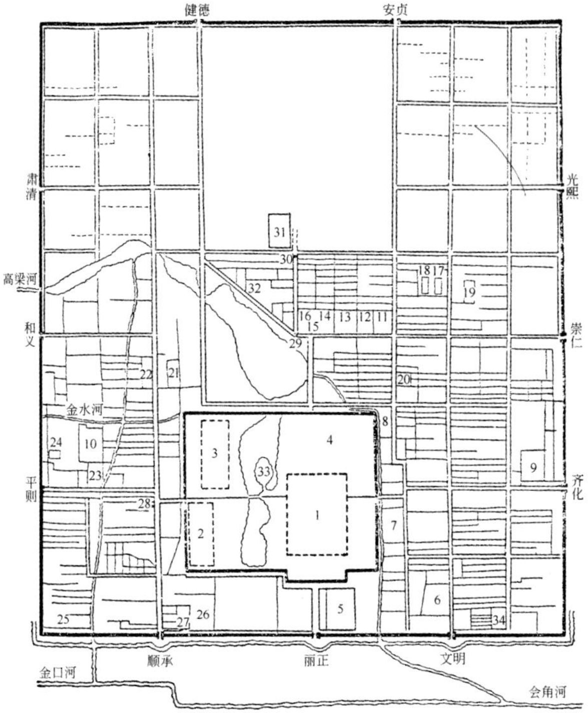

36

之，峰峦隐映，松桧隆郁，秀若天成……山前有白玉石桥，长二百余尺（今积翠堆云桥），直仪天殿后。”“圆坻东为木桥，通大内之夹垣。西为木吊桥……中阙之，立柱，架梁于二舟，以当其空。至车驾行幸上都……则移舟断桥，以禁往来。”“桥（指白玉石桥）之北有玲珑石拥木门五，门皆为石色。内有隙地，对立日月石，西有石棋枰……左右皆有登山之径，萦纡万石中，洞府出入，宛转相迷，至一殿一亭，各擅一景之妙。”“又东为灵圃，奇兽珍禽在焉。”山上

37 元代万岁山、圆坻复原示意图

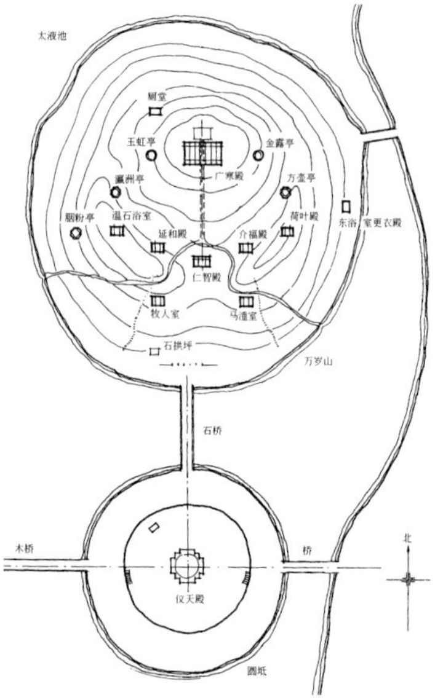

37

亭殿，主要有“广寒殿在山顶……仁智殿在山之半……金露亭在广寒殿东……玉虹亭在广寒殿西……方壶亭在荷叶殿后……重屋无梯，自金露亭前复道登焉……瀛洲亭在温石浴室后，制度同方壶……介福殿在仁智东差北……延和殿在仁智西北”（《辍耕录》卷二十一“宫阙制度”）。扼要说来，万岁山规制，仿神山仙台楼阁的传统，所以殿名广寒，亭名瀛洲、方壶、金露、玉虹等，无不与憧憬仙境相关 37。

明朝把宫苑扩至今中南海，总称西苑。琼华岛上亭殿，仍元之旧，无所更添。但循太液池东岸、北岸和西岸，增建景物。“下过东桥（今陟山桥前身），转峰而北，有殿临池曰凝和，二亭临水曰拥翠、飞香（大抵今船坞一带）。北至艮

38 北京北海北岸五龙亭旧影。喜龙仁摄

38

隅（东北角），见池之源（由什刹海引入进水闸处）……西至乾隅（西北角），有屋用草曰太素（大抵今阐福寺一带）。殿后草亭，画松竹梅于其上，曰岁寒。门左有轩临水曰远趣，轩前草亭曰会景。循池西岸南行，有屋数间，池水通焉，以育禽鸟。有亭临水曰澄波，东望山峰倒蘸于太液波光之中……又西南有小山子，远望郁然”（李贤《赐游西苑记》）。李贤所述是明英宗年间北海情况，于池之东、北、西岸，因水面势而筑亭殿，布局疏落有致，亭殿用草，朴素淡雅，总的说来，给人以既富野趣而又淡然的美的感受。明英宗后续有增修，如太素殿前建五亭（今五龙亭）38，西岸建清馥殿，无损淡雅。

清朝时兴作日繁，尤其乾隆年间。广寒殿在明万历年间倒塌后未修复，清世祖福临于顺治八年（1651年）就旧址改建喇嘛白塔39，拆除山畔殿堂，另建永安寺普安殿40。弘

39 清代西苑三海平面图

40 琼华岛平面图

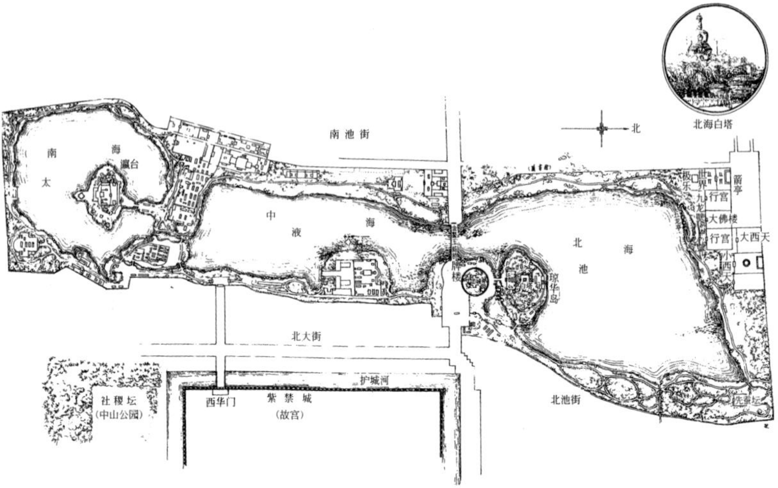

39

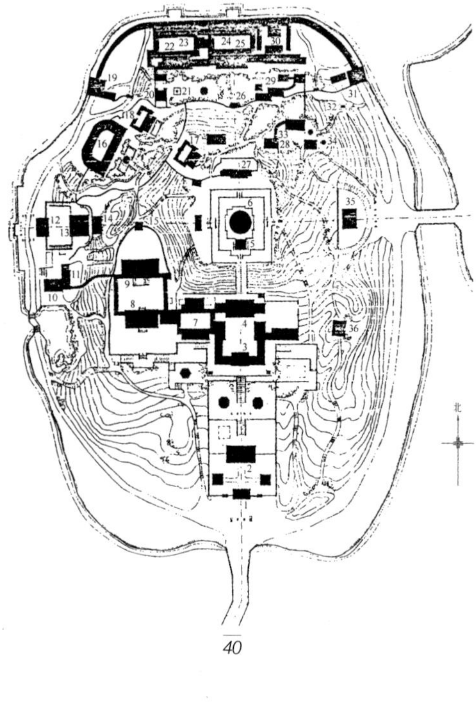

40

41 琼华岛北坡漪澜堂建筑群。贾珺摄

42 北京北海东岸濠濮间平面图

41

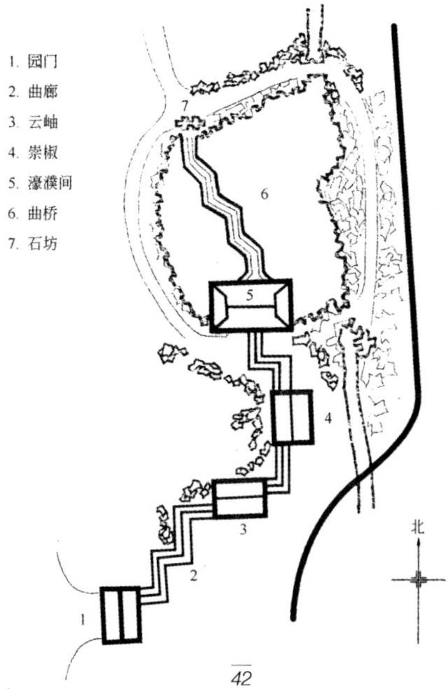

42

43 北海东岸画舫斋平面图

44 北海北岸万佛楼旧影，因供万尊佛像得名，后被日军焚毁。图片选自《帝京旧影》

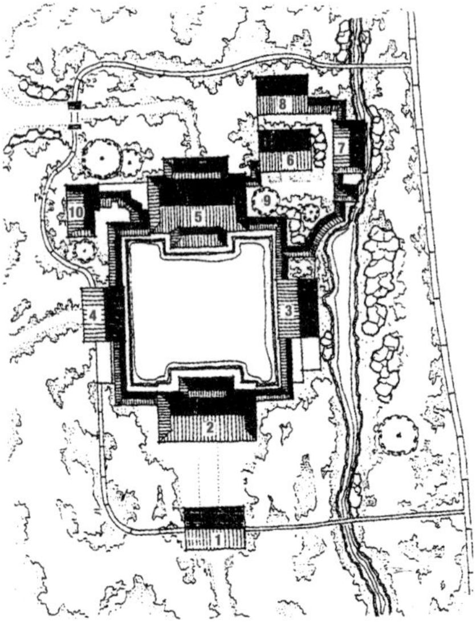

1. 宫门
2. 春雨林塘殿
3. 镜香室
4. 观妙室
5. 画舫斋
6. 古柯庭
7. 得性轩
8. 奥旷室
9. 唐槐
10. 小玲珑室
11. 垂花门

43

44

45 北海北岸静心斋平面图，乾隆年间称镜清斋

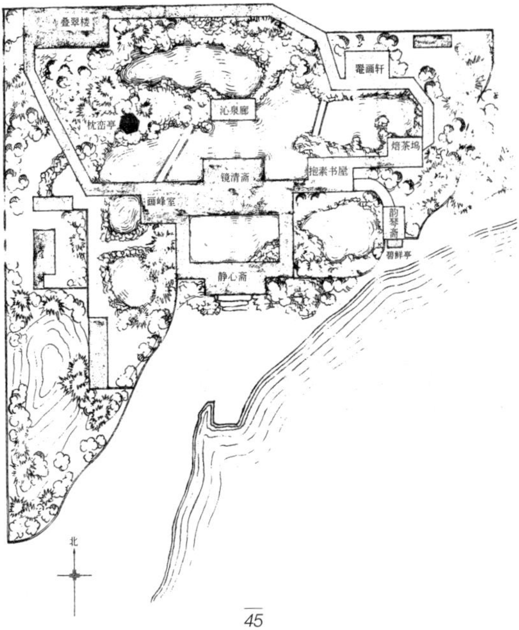

45

历（乾隆）更大事增筑亭台楼阁，就其手法上、传统继承上说，有奇巧可取之处，但也有损于原来景物，如漪澜堂大回廊，把原来楼台差错的画面和倒影全给遮挡破坏[41]。弘历又在丘阜连绵、山坞曲屿间，穿池叠石，建亭榭，筑殿堂，构成濠濮间[42]，春雨林塘殿、画舫斋[43]等自成格局的两个苑中之园。北岸天王殿琉璃阁、阐福寺、静心斋、澄观堂、小西天万佛楼[44]等梵宇斋堂林立，显得臃肿烦琐。至于静心斋这个园中之园，无论山池叠石还是园林建筑组合上确有独到之处，别有一番深意，值得学习[45]。

46避暑山庄鸟瞰。贾珺提供

第二节

承德避暑山庄

玄烨（康熙）经常出巡口外，围猎习武，康熙十六年（1677年）第一次出巡，宿喀喇和屯（今滦河镇），后来在此建行宫和园亭。康熙四十一年（1702年）边围猎边勘新址。当他路过武烈河边的热河下营，深为那里山泉云壑的优美风景所感动，而且气候凉爽宜人，实是避暑休养胜地，决定在此建离宫别苑46。

避暑山庄总面积约560公顷，周围筑有宫垣及雉堞，随山起伏、地形变化而筑，其西面和北面沿缭山脊而造，其东

46

北隅一段，由山脊直下伸到开旷谷原，然后沿武烈河西岸平伸直达山庄东南角。山庄的地形复杂，山地占2/3，大抵有自西北往东南走向的山岭四条，飞趋谷原。山地部分沟谷交错，冈峦迂回曲折，景随形转。谷内有涓涓细流水涧，主沟有水泉沟、西峪（榛子峪）、梨树峪和松云峡（又称旷观沟）。在谷原的东南隅有一泉，叫热河泉。山涧奔汇而来的溪水和引自武烈河的水，构成低地湖洲区。湖洲区北是一望无垠的三角状谷原，有草地，有榆杨之属的树林[47]。

玄烨对山庄的初期规划，其胜趣在水，着重湖洲区的风景开发，经疏浚理水和堤桥（水心榭）的筑造，形成多个形式不同意趣各异的水面，有长湖、西湖、半月湖（这三湖现已不存），有澄湖、如意湖、上湖、下湖和镜湖、银湖，或广而短，或狭而长，或开阔明朗，或曲折平静，围成若干洲岛，或形若芝英（“环碧”小洲），或若云朵（清舒山馆组和月色江声组所在之洲），或若如意（无暑清凉组所在之洲）[48]。各洲岛或主为居住建筑，依轴线排列三重建筑，接以回廊，但也有因景而筑的构成部分，例如月色江声组第一进院落墙廊的西南角有冷香亭，因这一带芙蓉盛开时，清香袭人，第二进有峡琴轩，增加变化。月色江声组墙廊为外廊内墙，正因西面是湖水，在廊里可借湖光山色以增情趣[49]。

山庄绝大多数建筑都是随形因景而构筑。先从湖洲区说，水心榭（跨水长桥分三段，南北建方形重檐亭，中段阔三间的榭）的筑造，既分隔水面并由于闸构成下湖和银湖的

龙王庙
四面云山
创得斋
秀起堂
静含太古山房
眺远亭
鹫云寺
有真意轩
食蔗居
观瀑亭
梨花伴月
澄泉绕石
碧峰门
古栎歌碑
碧峰寺
瀑源
珠源寺
涌翠岩
听瀑
远近泉声
石矶观鱼
长湖
水流云在
锤峰落照
香鉴
长桥
西船坞
芳园居
临芳墅
芳堵临流
沧浪屿
松鹤清越
如意湖
金莲映日
绮望楼
采菱渡
观莲所
望鹿亭
环碧
无暑清凉
云山胜地
阿哥所
烟波致爽
上湖
仙鹤園
宫仓
档案库
淡泊敬诚
万壑松风
晴碧
静寄山房
下湖
卷阿胜境
月色江声
水心榭
钓鱼亭
丽正门
松鹤斋
清舒山馆
清音阁
文园狮子林
银湖
镜湖
德汇门

47 乾隆时期避暑山庄复原全景图

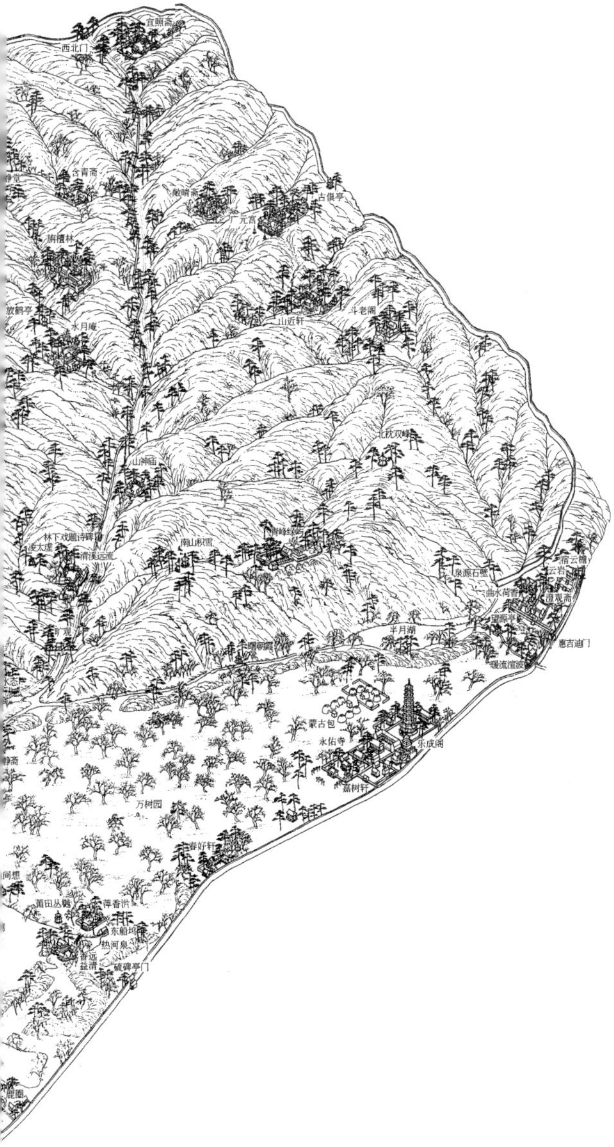

47

48 承德避暑山庄如意洲平面图

49 承德避暑山庄月色江声平面图

1. 无暑清凉
2. 延薰山馆
3. 乐寿堂
4. 西配殿
5. 东配殿
6. 金莲映日
7. 观莲所
8. 川岩明秀
9. 一片云
10. 沧浪屿
11. 西岭晨霞
12. 云帆月舫
13. 般若相
14. 清晖亭
15. 澄波叠翠
16. 烟雨楼

48

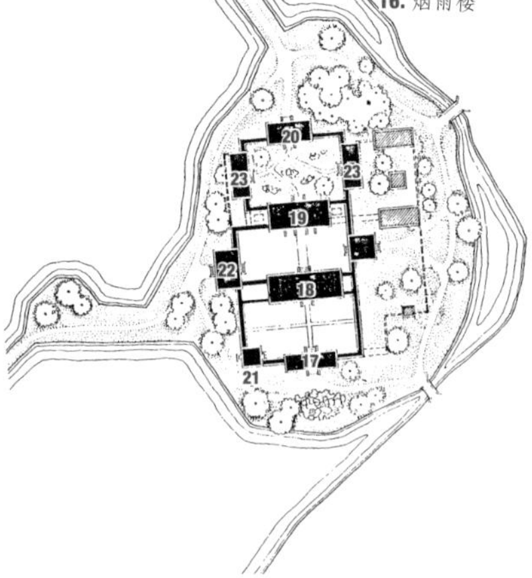

17. 月色江声
18. 静寄山房
19. 莹心堂
20. 湖山罨画
21. 冷香亭
22. 峡琴轩
23. 配殿

49

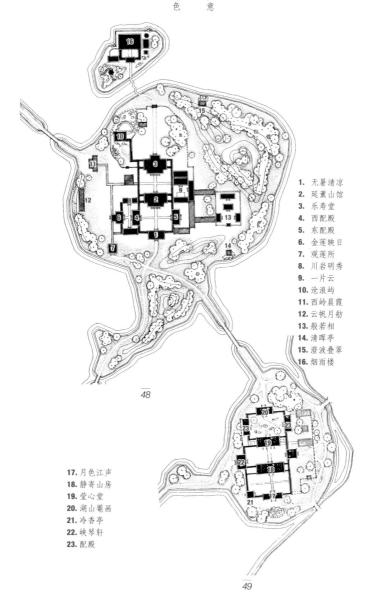

50 由月色江声回望水心榭

51 如意洲沧浪屿北部山池

50

51

水面标高不同，闸下因落差而形成长宽的水幕，又可登亭榭凭栏眺望四面，皆成画景50。如意洲形圆近方，东、西、北三面小岗环抱，独敞西面，正因景物在西而有临水建筑数组，如观莲所以赏荷。洲西北有云帆月舫，临水仿舟形作室，可登以眺叠翠远景，有西岭晨霞，为两层的阁式建筑。

52 金山岛平面图

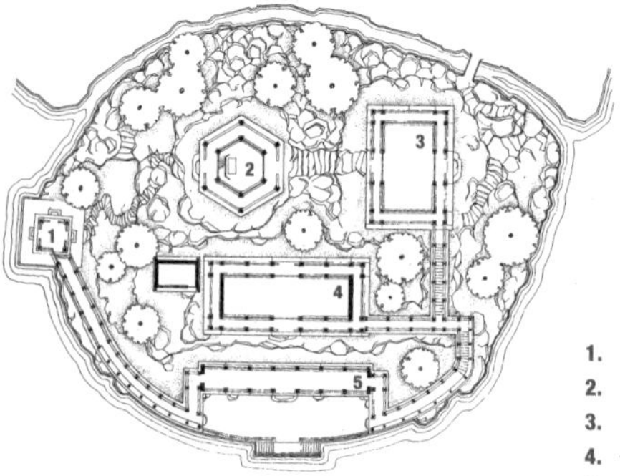

52

从阁后沿缘而下有园中园称沧浪屿，面积不满十弓，峭壁直下，有千仞之势，想见叠石之妙，中为小池，石发冒池，如绿云置空，面积虽小，却能小中见大51。沿澄湖东岸冈阜起伏的南端有凸出水际部分叫金山岛，其南、西、北三面为澄湖之水所抱，与东冈仅一溪之隔52。岛山用岩石层层堆叠而成，层次分明，而又纵横林立，气势雄伟，特别是东溪两侧，山石壁立，势峭如峡谷，手法高超。石山顶辟平台，台南一殿曰天宇咸畅，殿后耸立高三层六方形崇阁，称上帝阁。登阁眺望，山庄内外诸景，历历在目53。

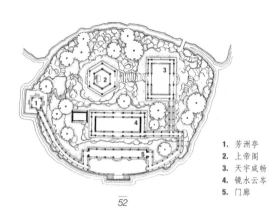

澄湖以北是大片平野近千亩的谷原区，东部称万树园，滋长有数百年古榆、巨槐、老柳，茂荫幕帷，是秋凉步行射猎之地。西有一片草地称试马埭，绿茵如毯，是骏马奔驰使身心怡爽之处。万树园也是张幕赐宴蒙藏王公之地，有马戏、摔跤、焰火等赏乐场所54。

湖冈区在如意湖曲口稍南，置一亭曰芳渚临流，使曲

53金山建筑群，三层楼阁为上帝阁。黄晓摄

54清人《万树园赐宴图》。贾珺提供

53

54

岸有重心，又与云帆月舫遥遥相对，不愧宜亭斯亭。水泉沟口北的小山上，有锤峰落照亭，眺望庄外磬锤峰的位置最宜，每当夕阳西下，一片似火晚霞反照中，更显得孤峰挺出的奇特、壮丽55。

对于山岭区规划，意在保持原有植被和幽谷溪涧、峰回路转的自然景观。大抵近峪口有居住建筑如水泉沟口的松鹤清樾，峪内随形因势而在山隈、山坞、山坡度地合宜而

55 从普宁寺远眺磬锤峰。黄晓摄

55

构筑平台奥室，曲廊轩馆，如梨树峪内的梨花伴月，依冈辟台地三层而筑居斋，两旁有跌落廊，廊基依坡作梯级形，梯级百重，廊顶翼覆歇山顶，如从下眺上，只见歇山面一个接一个，叠层而上，仿佛直上云霄56。峪深处有澄泉绕石一组，松云峡东口有云容水态，登山有青枫绿屿组建筑，山多槭树，入秋经霜，万叶皆红，丹霞竞采57。庄内山径大抵迂回曲折，上下连环相通，或经溪谷之间，杂以大小石梁为渡。登高眺望，主要山巅各冠以亭，有南山积雪，北枕双峰等。

为了与自然环境相和谐，所有建筑，顶用灰筒泥瓦，楹柱不施丹雘，栋梁不施彩画，以纯朴素雅格调为主58。总起来说，玄烨的经营山庄，不以宫室建筑组群见胜，而纯以因借手法，突出自然美，使崇山峻岭，水态林姿，更加

56 梨花伴月复原鸟瞰图
57 青枫绿屿复原鸟瞰图

56

57

59 湖洲区文园狮子林。黄晓摄

60 如意洲北的烟雨楼。黄晓摄

61 永佑寺九层舍利塔。黄晓摄

58 避暑山庄正宫澹泊敬诚殿。贾珺摄

58

集中地表现出来，是宫苑史上前所未有的自然山水宫苑。

山庄是在清朝鼎盛时期经玄烨到弘历祖孙二人累续经营了八十多年才最后完成。由于后期弘历对山庄进行了调整改造和大规模的增建，使山庄的规制、面貌大变。弘历在营园上有他个人特点，常以所好江南名胜，仿其意而建置苑中，成苑中之园，如湖洲区文园狮子林59、戒得堂，青莲岛上烟雨楼60等。又好建寺庙，如汇万总春之庙，永佑寺的八方形九层浮屠舍利塔61，水泉沟内碧峰寺，西峪鹫云寺，湖冈区珠源寺（有全为铜铸的镜乘阁），以及北部山岭区的斗姥阁、广元宫。弘历还重点营建了山岭区为数众多的建筑组群，如榛子峪底的秀起堂和静含太古山房，西峪深处的创得斋、碧静堂、含青斋，松云峡北山的旃檀林、山近轩62、敞晴斋等。这些建筑组群或依崖浚壑，或就深探奥，或就冈群地，或安梁跨谷，因势而筑，随形创景，不乏优良范例。多数建筑组群的体量宏伟、工程浩大，而且色彩华丽，寺庙多

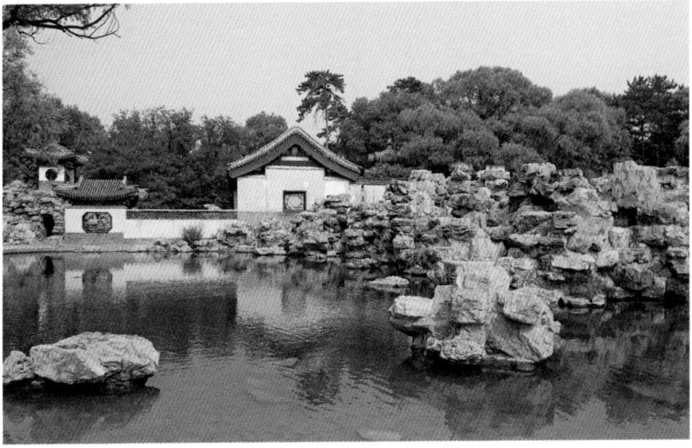

59

60

61

62 西峪山近轩复原鸟瞰图（上）及剖面图（下）

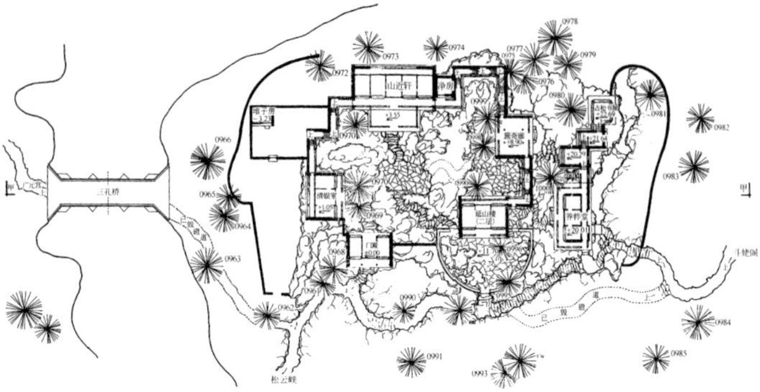

62

用琉璃瓦顶，楹柱丹艧，栋梁彩绘，完全离开了玄烨所要求的自然素朴的风格，从一种艺术构思转变到另一艺术构思，亦步亦趋于汉唐建筑宫苑，以豪华宏丽、布局新颖、错落有致而富变化的建筑组群见胜。

第三节
圆明园

胤禛（雍正）做皇子时，其父玄烨于康熙四十八年（1709年）以明戚废墅赐他建园，初步完成后玄烨赐名圆明园。胤禛登皇位后三年（1725年）又大加修葺，浚池引水，培植花木，建亭筑榭，规模初具，并在园南端置听政用的勤政亲贤殿，列视事朝署，成为近郊的离宫别苑。弘历登位后又对圆明园不断地大兴修建，还另修长春园，为他日（指逊位后）优游之地，与圆明园并列而居其东。长春园南又有万春园（同治前称绮春园），主为后妃居住游息用。乾隆年间，圆明、长春、万春由圆明园总管大臣统辖，后人就总称圆明三园63。

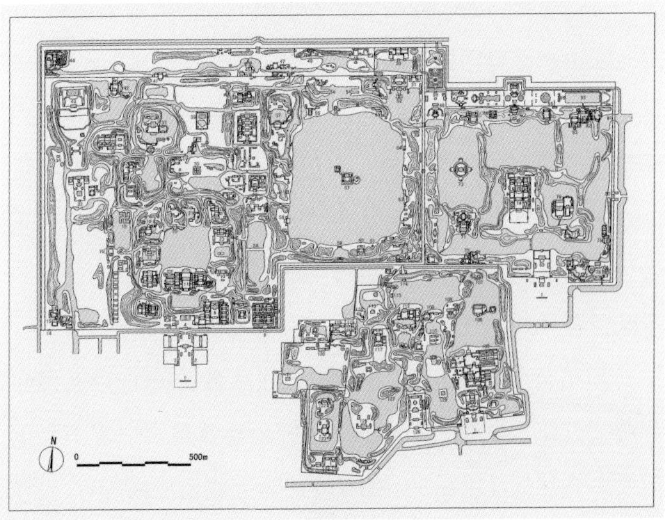

63

63 乾隆时期的圆明三园。贾珺提供

圆明园位于北京西郊一个泉源丰富平原地段。圆明园的创作，巧妙地利用了这个自然条件特点，把泉水四引，用溪涧方式构成水系，辟出众多溪涧曲绕的小境域。又在中心地区，汇注聚水成池成湖（如前湖），特大水面称海（福海）64。在挖溪池的同时，就高垒土叠石，堆成冈阜，彼此连接，形成山谷65，在溪冈萦环的形势中，营构成组的建筑群，形成众多的园中之园。因此在世界上有Garden of gardens的誉称（通译“万园之园”，更确切地说是“众园的园”），即由众多的园中园或称景区所构成的宫苑。

圆明园近百个景区各有其不同的形势，或背冈面水，或左山右水，或前有山嶂后临阔水，或在冈阜环抱中仿佛小盆地，或居隈溪之中四面临水，创作了众多的各异其趣的形胜。景以境出，有不同的境，表现出不同的风景主题66。它跟北宋山水宫苑即艮岳的全景地创作典型性山水的表现形式是不同的，因为圆明园的景区不仅从造景上着手，而且以不同组合的建筑群作为主体。它跟隋西苑的水渠曲绕十六院，即以水系冈阜为境域，建筑在其中的表现形式相近似，即同属于山水建筑宫苑，但较诸隋西苑有了更高的发展，近百个景区，各异其趣67。

圆明园中建筑组群，除了少数作皇帝后妃居住的，格局严整，仅略有变化外68，各个景区的建筑组合，富于变化。虽然单体都是平屋曲室，但是在组合上或错前或落后，并依势用修廊、爬山廊、跌落廊连接。廊的形式或为墙廊、复廊、

64《圆明园四十景图》之蓬岛瑶台，位于园中最大的福海中

65《圆明园四十景图》之武陵春色中的溪谷景致

64

65

66《圆明园四十景图》之上下天光，背依冈阜，前临阔水

67《圆明园四十景图》之杏花春馆，位于冈阜环绕的盆地中，表现幽谧的农家情趣

66

67

68《圆明园四十景图》之九洲清晏平面图，为严整的起居空间。贾珺绘

69《圆明园四十景图》之廓然大公，屋舍结合地势布置，以游廊连接，曲折有致

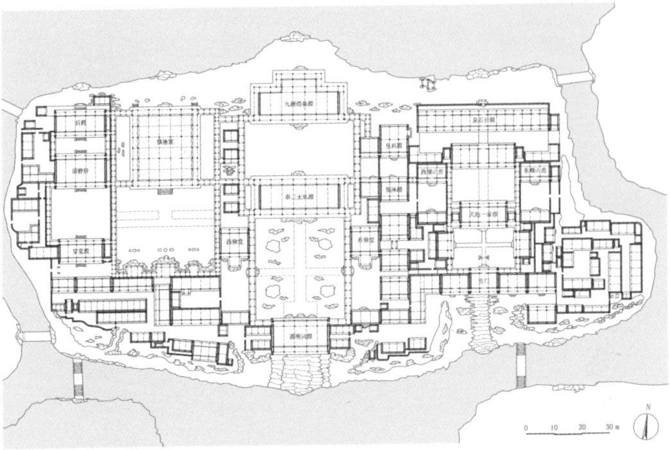

68

69

敞廊，或直或曲或弯，各依景而定。各个室屋的安排，看起来好像散断，实在是左呼右应，曲折有致[69]。所有这些变化，绝不是单纯追求地势构图上变化而变化，而是为了造景，各有其立意要求。令人惊奇的是数十组建筑群的组合，没有两处是雷同的。有着这样众多的各具其妙的园林建筑组合样式，结合周遭景物构成的众多各异其趣的景区或园中园，这在我国宫苑史上也是前所未有的独特的山水建筑宫苑。

第十二章 北京明清宅园

元建大都后，城内外稍有私园构筑，明清时兴筑日盛，尤以西郊名园较多。城中因乏泉源，少河水可引（明清时私引活水为违法），一般宅园中，仅筑山石小池，“积潦则水津津，晴定则土”，掇山仅拟山之余脉，叠石亦多为小品。或借古树花木取胜，如东城明代成国公之适景园，都人称十景园。或得有奇石，独立特置以资鉴赏，如明米万钟的湛园，《宸垣识略》载“近西长安门，有石丈斋、石林、仙籁馆……曲水……猗台花径诸胜”，“太仆好奇石……其最著者为非非石，数峰孤耸，俨然小九子也。又一黄石，通体玲珑，光润如玉。一青石高七尺，形如片云欲堕”（《天府广记》），承北宋好石之遗风[70]。

北方营园以得水为贵，公卿亭墅园林，于城东南泡子河两岸与城北积水潭周围，相地合宜以构。“崇文门东城角，洼然一水，泡子河也，积潦耳，盖不可河而河名。东西亦堤岸，岸亦园亭，堤亦林木……南之岸……以房园最，园水多也。

70 明代吴彬《十面灵璧图》之前正面，从十个角度描绘了米万钟的非非石

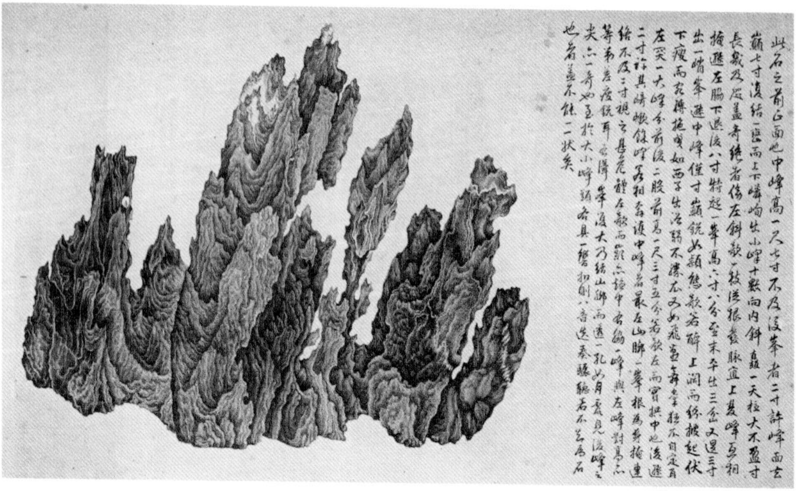

70

北之岸……以东园最，园水多，园月多也。路回而石桥，横乎桥而北面焉……水曲通，林交加，夏秋之际，尘亦罕至”（《帝京景物略》），“空水澄鲜，林木明秀”，实一胜地。城北，“游则莫便水关（高粱河水所从入城之关也）”，水入积水潭，“方广即三四里”，亦称海子，但游人诗中，称之北湖。公卿墅园，环湖而筑，因水得景，所谓“沿水而刹者、墅者、亭者，因水也，水因之”[71]。最为突出的，英国公新园也。“崇祯癸酉岁（1633年）深冬，英国公乘冰床，渡北湖，过银锭桥之观音庵，立地一望而大惊，急买庵地之半，园之，构一亭、一轩、一台耳。”何以大惊，急购地，园之仅一亭一轩一台？原来“但坐一方，方望周毕，其内一周，二面海子，一面湖也，一面古木古寺……园亭对者，桥也，过桥人种种，

入我望中，与我分望。南海子而外望，望云气五色，长周护者，万岁山也（指禁中万岁山）。左之而绿云者，园林也。东过而春夏烟绿，秋冬云黄者，稻田也。北过烟树，亿万家甍，烟缕上而白云横。西接西山，层层弯弯，晓青暮紫，近如可攀”。周遭的水景、山景、林景、田野景、村景，种种美景，不费分文，尽入园中，真所谓巧于因借者也。总的说来，北京明代宅园风格，继承了唐宋写意山水园传统，着力于因水得景，借景最要，以素雅、得自然真趣为意境。

北京西郊海淀一带，泉源清流，土壤丰嘉，以水胜，以花木易繁昌盛，皇亲大臣都在这里筑园。明时名园著称有二，一是武清侯李园，一是米万钟勺园。李园“方十里，正中挹海堂，堂北亭……亭一望牡丹，石间之，芍药间之，濒于水则已”，这里以花胜。“飞桥而汀，桥下金鲫……汀而北，一望又荷蕖，望尽而山……维假山则又自然真山也”，这是从水到山。“山水之际，高楼斯起，楼之上斯台，平看香山，俯看玉泉”，巧于远借，俯借。“园中水程十数里，舟莫或不达，屿石百座，槛莫或不周。灵璧、太湖、锦川百计，乔木千计，花亿万计”（《帝京景物略》）。李园以水胜、花木胜、山石胜。米万钟的勺园，《春明梦余录》用三十二字，就描写尽漓：“园仅百亩，一望尽水，长堤大桥，幽亭曲榭，路穷则舟，舟尽则廊，高柳掩之，一望弥际。”观《勺园修禊图》，读各记文，勺园全景可浮于脑海[72]。弯道、夹道、偏径，无一不因水也；亭榭廊台，或临水际，或伫立水中，或半出水面，便于因借；

71 北京什刹海，明清时期沿岸广建园亭。贾珺摄

72 明代米万钟《勺园修禊图》（局部）

71

72

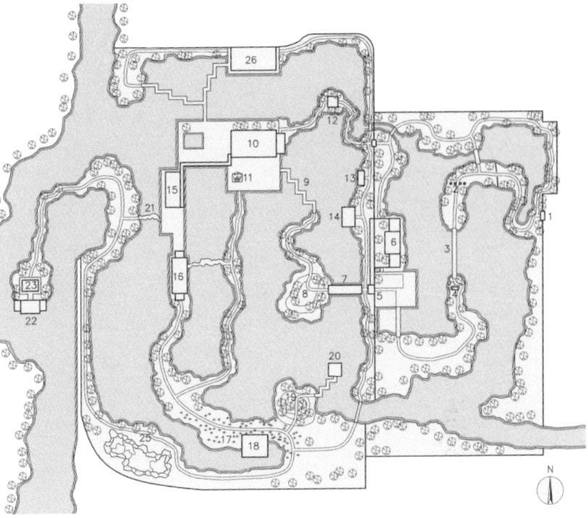

73

73 明代米万钟勺园平面复原示意图。贾珺绘

其水或一望无际，或堤坝分隔，或曲水似溪，各异其致。此外，运用粉墙、跨梁以及树丛的相互巧妙结合，画入无限诗意，虽然各区情趣不一，无不归之于水73。

到了清朝，城中宅园有名的百余处，尤以王府花园为多。至今遗存较完整的不过十多处，如恭王府萃锦园、荣源府可园、那桐府花园、半亩园、莲园、刘墉宅园等74。王府花园由于地位特殊，风格上接近于皇家别苑的类型，但规模无法相比。布局上大都前后成一体但有层次划分，大抵以四合院布局衍生变化而来，在构图上有或显或隐的轴线处理。由于生活上多种游乐活动需要，建筑比重较大，但在整体布局中，尽量运用山、石、水、木的结合，求得自然的变化。这里举萃锦园和可园二例以窥一斑。

74《鸿雪因缘图记》中的半亩园

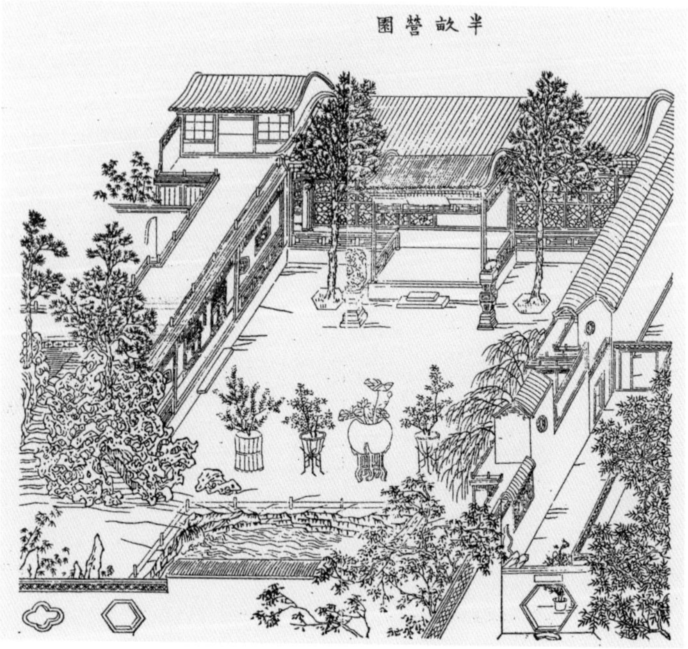

74

第一节
萃锦园

在恭王府邸北，中横夹道，自成一园，面积约38.5亩[75]。园门居中，为中西合璧式样（可能受长春园西洋建筑影响）[76]。全园地形原较平坦，经就低凿池，因阜掇山，厅堂廊榭，布列上下，创作山水园形式的邸园。萃锦园的东、南、西三面，筑有马蹄形土山，半抱全园，轴线上又有两段叠石假山，断续相连，总起来形成一个平面图呈“山”字形山系。南界土山除与府邸之间

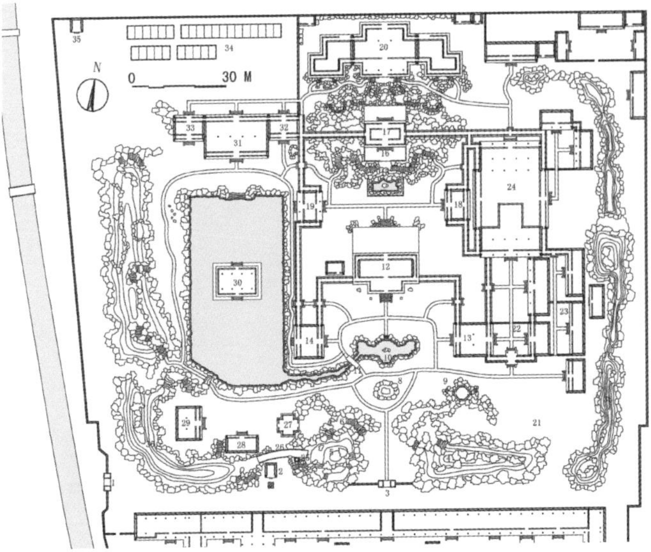

75

75 北京萃锦园平面图。贾珺绘

76

76 萃锦园西式园门。贾珺摄

77萃锦园中路滴翠岩主假山。贾珺摄

78萃锦园西路池中的诗画舫

77

78

起分隔作用外，它本身又是创作有峰峦洞壑的园林小品，东界土山较平淡，有茂树，仅起与外界隔绝的山障作用；西界土山沿西墙直北，有起伏，除起隔离外界作用外，又是湖池厅榭的良好背景。由于掇山和建筑的互相结合，使全园从南到北，形成四个层次或四进。进正门就是东西侧为南界土山余脉所环抱的小天地，为第一进。穿过“青云片”单梁洞门为第二进，迎见特置峰石，高可5米，以瘦取胜。石之北有元宝形水池横列。池北土阜高台上为全园主要厅堂建筑，两侧有斜廊下连，东达一组别院。厅北出有平台，下阶即第三进，迎见以房山石掇叠的洞壑隐映的石山[77]。山前为凹形小池，池中散点玲珑山石三组，饶有意趣。石山前部结构为下洞上台，台上有榭。山洞部分，居中较大，东西两侧有爬山洞，可盘上洞顶小台地，然后经由山石做成的自然式“宝垲”登上最高层平台，台上建榭，全园在望。石山后部有山径隐约叠石间，下至横列于北界的有凹有凸的长列书斋建筑。与上述主园部分并列于西为另一园中园，以大型长方形水池为中心，池中有岛，岛上为水榭[78]。池北偏东有双卷棚大型建筑，旁有通屋连接至主园的爬山廊，池南沿山麓散置有轩屋建筑。

第二节
可园

荣源府邸之东，为南北长、东西短的长方形地，面积仅四亩余[79]。园分两进，以主体建筑厅堂坐落在轴线上而分隔为前后两部分。前园部分，其南端为假山，是入园的障景，也是厅堂的对景[80]。山高约三米多，上有大树槐榆，增进山林意味。山之东置六角亭，以增进山势。用石两种，山南为青石叠成，以横向挑伸为主，山北为房山石，以竖纹为主，尤具特色的为一个挑伸的小平台，下面用“悬”的做法，模拟钟乳垂挂的景象。山北东部叠石成谷，前为池，池水似由谷引出。水池周围散点山石。由假山到厅堂为平地，

80 可园前进庭园正堂。引自《中国园林艺术》

81 可园前进的曲折长廊。贾珺摄

82 可园后进的叠石假山。贾珺摄

79 北京可园平面图。贾珺绘

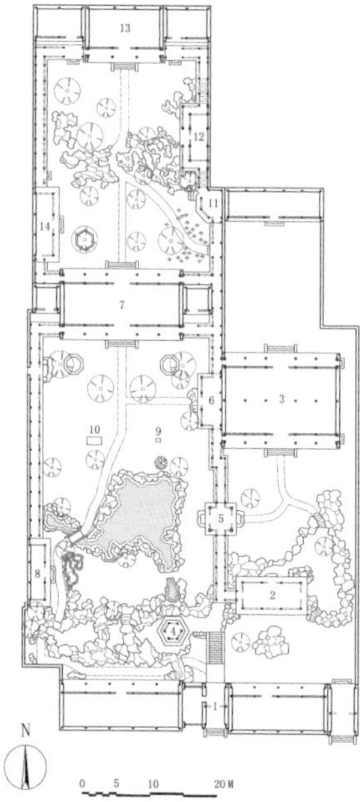

79

显得畅朗。厅堂前有对称的特置山石，亭廊前以山石作踏跺和蹲配都自然成趣。从假山东下沿东界为南北长的曲折游廊，中途有四方攒尖半壁亭、八角亭81，北通后园楼阁。后园部分多假山82，以房山石堆叠，分两处，一处在轴线附近，高低交错有致，也使后园不致一眼望穿；另一组位于东侧与台、阁相结合，以环洞引入，台下贯以山洞，台的边角以山石相抱，或作散点，较为自然。总的说来，由于地势狭长，立体建筑坐落轴线上而分为两部，前部疏朗，后部幽曲，风格不同，但以边廊相通，连为一体。布局上利用假山、水池、建筑分隔而丰富了层次的变化，不觉其狭长。

80

81

82

第十三章 江浙明清宅园——文人山水园

宋南渡后直到明清，地主士大夫卜居江浙诸大城市如湖州、杭州、扬州、无锡、苏州、太仓、常熟等，好营城市山林即山水园式宅园。明清江浙宅园，是在唐宋写意山水园的基础上有了进一步发展，即更加强调和重视主观的意兴、心绪，更加重视掇山叠石或理水上技巧的趣味，更加突出了经由人们长期提炼概括创造出来的山水之美，增添了新的一页，即更加增进了文学趣味和运用对联以点情景以助审美趣味。

绘画上从元画开始，才有了在画上预留空白题字作诗[83]，以诗文来配合画面，通过文字来表达含义，加重画面的文学趣味和诗情画意，为此（还有其他特征）称作文人画（参见李泽厚《美的历程》）。无独有偶，明清以来无论宫苑或私家宅园，园林中厅堂亭榭等建筑，除了古来就有的题名或匾额外，在楹柱上挂对联，通过文字来表达意境，增深趣味，加强含义，这是明清以来园林中增添的新的一页[84]。有些人过分强调对联的点景作用是不确切的。对联所表达的含义不过

83元代倪瓒《容膝斋图》，描绘隔江两岸的景致，上有画家题记。台北故宫博物院藏

83

84 苏州耦园载酒堂内对联点明造园主题。外联为『左壁观图右壁观史，西涧种柳东涧种松』，内联为『东园载酒西园醉，南陌寻花北陌归』。黄晓摄

84

是对联的作者在一定时间、条件下的感受。我们在同一景点所获的感受，常因时间条件如晨昏，气候条件如晴雨，环境条件和心理条件以及欣赏者的审美能力等等而不同，也许有的观赏者的感受比对联作者的感受还要深博。我们把明清宅园称作文人山水园，不是因为文人创作（不限于明清园林才是文人的创作，自古已然），也不单因为有对联，而是如上所述，更加强调重视主观的意兴、心绪、技巧趣味和文学趣味，以及更加概括创造出来的山水美。

江浙名园众多，这里只能简述苏州、扬州宅园的风格，余从略。苏州明代宅园都已不存，只能从文献中了解。明代的拙政园，以“滉漾渺弥，望若湖泊”的水池为主体，环以林木，而“林木益深，水益清映”，道出该园以水胜，幽胜，野趣胜[85]。又“别疏小沼，植莲其中……池上美竹千挺”[86]。“凡诸亭、槛、台、榭，皆因水面势”即因势随景而设园林建筑，它们都是景的产物，又是赏景憩息之处，同时

85明代文徵明《拙政园图》之若墅堂，周围水木环绕。美国大都会美术馆藏

86明代文徵明《拙政园图》之倚玉轩，轩旁修竹猗猗。美国大都会美术馆藏

85

86

87明代文徵明《拙政园图》之小飞虹，斜跨溪流之上。美国大都会美术馆藏

88明代文徵明《拙政园图》之来禽囿，主景果林丰茂。美国大都会美术馆藏

87

88

89 苏州留园中区山池景致，留园在明代是徐泰时东园，为周秉忠设计。黄晓摄

90 苏州惠荫园小林屋水洞，亦为周秉忠设计

89

90

它本身又成为景中之景[87]。明代拙政园尤致力于山林之趣，植物造景以群植胜，如“池上美竹千挺”，“又前循水而东，果林弥望，曰来禽囿”[88]，“竹涧之东，江梅百株，花时香雪烂然，望如瑶林玉树，曰瑶圃”，此外，有芙蓉隈、桃花沜、珍李坂、蔷薇径等，以群植方式构成局部意境。

清代构筑苏州宅园的共同特征是以山池泉石为中心，莳以花草树木，环以建筑，构成山水园。例如留园，池近心形，池南为榭阁月台所临，池西为带石台地，池北为带石土山[89]。其他如网师园等布局，大抵相近。水池部分常用曲桥洲岛以分隔水面，有大小、主次之别。狮子林虽以假山峰石林立著称，仍以池为中心。惠荫园主部，方塘半亩，塘南曲廊斜贯其上，再南则山石玲珑，折东为小林屋洞，以水洞见胜[90]。

诸园假山以带石土山为主，便于种植竹木。山上蹬道，往往夹石成径，山侧临水时，叠石成崖，如艺圃，崖下近水有石径，既狭且险，犹如栈道[91]。或于山坡筑石成台，点石其中，配以花草，颇饶意趣。叠石掇山最为突出的是环秀山庄，仅厅北有一池，池上理山，全用湖石，在数弓之池上创作出层峦重叠，秀峰挺拔，峡岩幽胜，洞府、岩屋兼而有之的山景。由于叠石手法高妙，选石纹石色相同的一边拼接，自然脉络连贯，体势相称，浑然一体[92]。

池岸处理，有临水建筑时，条石砌岸，如艺圃，池北有突入水池之阁，就使池水伸入阁基之下，仿佛水自其下溢出[93]。也有用黄石砌岸，如网师园水池驳岸，叠砌上运用上

91 苏州艺圃山池交接处的临水石矶

92 苏州环秀山庄主堂北侧的湖石假山

91

92

93 苏州艺圃池北悬挑水上的延光阁

94 苏州留园冠云峰庭园

93

94

凸下凹手法，使石影落池，仿佛水自凹处流出，益增生趣。

苏州宅园用石以太湖石居多，得有奇石时独立特置以资鉴赏，如留园冠云楼前，特置有冠云、岫云、瑞云三石[94]。除造山景的叠石掇山外，也好以少量块石，堆叠成小座完整的形体，表现一定的形象或造景要求，或在庭院理厅山、壁山等掇山小品或散点、聚点成景。

苏州宅园中植物种类不下百种。园地较大，则常用大片丛植以造景，山上群植以构成山林之趣，园地小时，以同种少数植株为一组的丛植，或二三种少数植株为一组的群植。主要从植物的姿态、叶容、花貌、芳香等所能引起的感觉，根据其生态习性，位置有方，各得其所。较多的做法是以粉墙为纸，点以湖石，配以蕉竹花木之类，使具画意[95]，尤其在廊院曲处，虚出角地，点石栽竹或花灌木，更饶意趣。

苏州宅园，包括一切宅园，由于居住游憩生活功能需要建筑比重较大。除了因景和造景要求而作亭阁廊榭外，以聚友宴客、赏心演乐的厅堂是全园的主体建筑，如《园冶》所说：“凡园圃立基，定厅堂为主，先乎取景，妙在朝南”[96]。廊的运用十分突出，它不仅是连接建筑的有顶通道，而且是划分空间、组成景区的手段。廊往往随势而曲，或盘山腰，或穷水际[97]。漏墙亦然。而且实中有虚、有透。到了清朝中叶，诸园之作，往往环绕全园的界墙，筑以回廊，虽雨天不用雨具，可就廊行走以观赏全园。

苏州宅园的又一特征（明清宅园都具有此特色）是园地

95 苏州拙政园海棠春坞花石小景

96 苏州环秀山庄有谷堂

95

96

97 苏州拙政园西园游廊，高低起伏，曲折有致

98 苏州拙政园枇杷园，从园内隔圆洞门望雪香云蔚亭

97

98

面积虽小，但能因势随形，展开一景复一景，引出曲折多变化的层次。常用手法是运用粉墙、漏墙、廊、假山或叠石形体，或树丛竹林，构成不同的景区，甚至园中之园，如拙政园之枇杷园等[98]。

扬州园林可分两大类，一是城市宅园，一是湖上园林。湖上园亭，起于康熙南巡，盛于乾隆临幸，为迎上意、邀恩宠而建。《扬州画舫录》："湖上园亭，皆有花园，为莳花之地"，或"莳养盆景，以备园亭陈设之用"。湖上别园，罗列两岸，从城东直到蜀冈，所谓"两岸花柳全依水，一路楼台直到山"，有二十景或二十四景之称，其实是一座座官圃或私园的景称[99]。

近人云："扬州以名园胜，名园以叠石胜。"城中宅园虽有以花木为主，如"桃花坞"，或以水法为主，如"石壁流琮"，但多数以山石取胜。扬州不产山石，主要由外地运来，有黄石、湖石、宣石等，以黄石掇山最为习见。

扬州园林的叠石掇山，以靠壁理山（峭壁山）见胜，或楼面或厅前掇山，以高峻雄伟见称。例"寄啸山庄"，中央有厅，厅的东南，仅山石少许点缀槐荫下，而厅的东北，贴墙以湖石掇山，山势起伏，逶迤而西，有石磴可登山至东北隅山巅置一亭[100]。园西部，西南隅为山石独占。园中央部辟一大池，池东首有四方亭，演乐用[101]。水池之西又一湖石山子，突兀水际，有石磴可盘旋而上，山腹有曲洞迂回[102]。湖石山子之西，又一黄石山子，拔地而起，与东西

99 扬州瘦西湖沿岸景致，有白塔、凫庄和五亭桥

100 扬州何园东部峭壁假山

99

100

101 扬州何园西园水心亭

102 扬州何园西部湖石假山

101

102

两半的湖石山子相接。由湖石山子而黄石山子，又由黄石山子而湖石山子，在三山一水隐映处有馆三间。三折转入园南部，为另一院落，有楼屋两间，院落中有湖石山子，上与楼连，下与屋接，是楼山又是厅山。

再例“个园”，位于住宅之后。园门两侧有平台，上植翠竹，竹间石笋嶙嶙[103]。门内两侧，有湖石砌成平坛，东植桂，西植竹。迎着园门为四面厅一座。厅的西北处有湖石叠筑山子，下为洞室，前临水池[104]。水上架曲桥，达于洞口。步入洞室初阴森，继有光自石隙中来。深处有岔道，平折而出，达长楼之下。若拾级而上，可达湖石山之顶，池之北，与厅直对，有一列长楼横亘于两山之间[105]。西即上述湖石山子，东为黄石山子，山峰参差错落，蹬道上下盘旋，极尽奇特之能事[106]。蹬道有三,一由洞口而进，两折之后，仍回原处；另一蹬道由洞口进而西折，直抵西峰绝壁处；唯有中间洞里蹬道，可以深入群山之间，或下至山腹幽室。幽室傍岩而筑，有光自洞外来，一室皆明，室有窗洞，有户穴，有石壁，有石桌。幽室之外为洞天一方，四壁皆山。洞天中央，有小石兀立，植桃一株其旁。由谷道南出，即厅之东南一区。若由山顶中洞，沿级半下，平折而出，天地豁然开朗。依山傍岩处，凿有山径，过一线天，于两山陡岩间，飞架飞梁。步上石梁，上有悬岩峭壁，下有深谷绝涧，极险峻。过此，步至此山南冈，此处新建一轩，更南，有一峰突兀于前，遮人视野，山南为楼阁所在，若沿南冈山麓小径，曲折

103 扬州个园入口春山

104 扬州个园西部夏山，山顶为放鹤亭

103

104

105 扬州个园北部抱山楼

106 扬州个园东部秋山

105

106

107 扬州个园南部冬山

108 扬州小盘谷月洞门及门前庭园

107

108

109 扬州小盘谷外园南部假山

109

而下，即抵厅之左翼。厅的东南有“透风漏月”馆舍一区。馆舍之前，贴南墙叠有宣石山子，原先由馆舍之南墙绕至东山墙，现仅东山墙存残迹。宣石，色白如雪，尤为别致[107]。

再例“小盘谷”，园在住宅的东隅，园门为月洞门，朝西[108]。步入园门，右手沿墙一带为湖石山子，上有山径，下有洞曲[109]，东与游廊相接，今圮。廊尽而门，门内有小天井，前有洞室，右有门与东院相通。门北侧有悬磴十数级，可由此登山，进南洞口。洞口西侧，有石阶数级，可下以临水。洞在湖石山子中腹，多窍穴，可透天光，可窥树影。由西口出山，前临曲池，池水清碧，水上架石梁三曲。过曲梁，至西北隅，有曲尺楼耸峙，倚墙而作。水的东面，又有湖石山子，山顶构一亭，半掩于耸峰后，更增层次之感[110]。由北洞口而出，东侧有一带陡峭的石壁。壁间又有洞室两

110 扬州小盘谷外园北部九狮图假山与山顶风亭

110

曲。在洞口与石壁水际，掇石衔立若桥。过石壁，拾级上山，山上壁绝路狭，山下悬岩深壑。行不远，即至山顶，顶平如盘，前时所见山亭，近在眼前。沿东壁之廊而下，到达东园部分，有桃形门两间，门额“丛翠”二字，想见当年有大片竹木，点以山石，今仅剩游廊一道和厅屋（诸园描述参见朱江《扬州园林品赏录》）。

上述三例，可以领略扬州园林叠石掇山的特点，与苏州园林中以独块湖石特置以赏或湖石形体的趣味和风格不同。当然苏州宅园中也有厅山，也有湖石叠成峰峦起伏，洞壑宛转如狮子林，但终嫌过于穿凿。扬州由于山石外来，除九峰园外，大都以小块湖石、黄石堆叠，更易随意布局以构成峰峦池谷，此起彼伏，或屹立于平地，或傍倚楼阁，或逶迤于全园，更由于沿墙而理，用地经济，更能小中见大。

第十四章 小结

中国山水园是3000多年来我国园林发展的整个历史总和的形式，是中华民族所特有的独创的园林形式。上述简史表明，山水园的内容和形式不是一成不变的，是随着历史发展的；是在不同的时代，由于社会生活、文化艺术、审美意识等不断演变而变化的。一定时期的园林都是在一定历史条件下，在前人的形式及其内容基础上向前发展的。

不少人认为，到了清朝，尤其是康熙、乾隆时期，我国的园林艺术，无论布局的理论，叠石掇山理水的手法，园林植物的造景和园林建筑的式样以及随形因势借景而设的技巧等等，都达到了完美精深的地步，或者说，由于清朝封建社会经济的高度发展，大量的帝王宫苑和私家宅园的营造活动，昌盛繁荣，园林匠师的辈出，使我国园林的发展达到了顶峰[1]。我们认为这种观点是形而上学的。

纵观整个封建社会时期园林，无论是帝王的宫苑，或者是贵族、大臣、地主阶级的邸园、宅园、别墅、游息园，

111 北京颐和园，为清代皇家园林的代表作

111

都是为了满足他们的游心玩思，即他们所追求的居住、游憩、玩赏的境域而营造的一个美的自然和美的生活的境域，在内容上充分反映了封建统治阶级的生活、心理、美的观念等，都是为独夫或某个家族的少数人服务的。

今天，时代要求于我们的是要创作内容上社会主义的，形式上民族的，或者说中国特色的现代园林，尤其是城市公园。

城市公园首先是为了维护城市生态平衡、改善环境质量而合理分布的公共绿地。城市公园又是居民日常生活中进行游憩、保健、文化等活动的物质境域而均匀分布的。创作现代城市公园，必须从内容出发，根据一个公园的性质、地位和任务要求进行创作，符合于今天人民的物质生活和精神生活上对休息、娱乐、文化、保健等活动的需要。今天的社会生活且不说与新中国成立前，就是与新中国成立后20世纪50年代到70年代社会生活相比较也有了较大变化。今天

的人口构成中，老年人的比重将逐年增大，老年人的生理、心理和生活特点是什么，他们对公园有什么要求，应当充分了解并重视。今天的青年，包括大龄青年，以及有子女的中年人，对在公园的活动要求是各不相同的，较之过去也有了变化。怎样寓社会主义精神教育、身心健康教育和科学文化教育于公园里的游乐中，是重要的问题。少年儿童是国家的希望，要求在公园中为他们创造能达到上述精神文明作用的活动环境和条件，应特别受到重视，是关系到国家前途的问题。所有这些，坐在斗室里苦思冥想是不行的，要走出去，深入到各阶层人民生活中去，不同年龄阶段的人们的生活中去，用科学方法，包括社会学、心理学、行为学，进行调查研究，得出明确的答案。要向生活学习，使我们的园林创作与生活同步前进，才能使我们营建的园林，符合时代的要求和人民的需要，并用生动的艺术形象鼓舞人民为创造共产主义的美好生活而斗争的热情。

新的社会生活、新的思想、新的情感、新的审美意识，要求我们在采用民族传统即中国特色的山水园的形式上要有所创新。山水园不只是山水泉石的园景而已，它包括了云烟岚霭（气象条件）、晨昏四季（时间条件）、树木花草（植物条件）、鱼禽鸟兽（动物条件）、亭堂廊榭（园林建筑）等多方面题材综合融成的一个美的自然和美的生活的境域。今天我们所要创作的现代城市公园，既不是皇帝宫苑，也不是地主阶级宅园、别墅，而是为社会主义社会的人民服务的公共

112 无锡梅园，近代时期私人兴建的向公众开放的园林。梅园管理处提供

112

园林。今天的社会生活不同于封建时代的社会生活。应当用山水园形式来体现新的社会生活、新的思想主题，决不应当照搬明清的，甚至唐宋的宫苑或宅园，而是要根据新的内容，在继承传统形式的基础上有所创新。为一定内容服务而创作美的自然和美的生活的境域，不等于简单地继承传统。如前所述，不同时代，不同阶级对于自然美、对于生活的认识和评价态度是不同的。虽然山水、自然是客观的存在，有它自身构成的规律。现代自然地理学、地貌学发达，对其构成做出科学的阐明，但不等于创作美的自然的理论和准则。园林创作是一种艺术，园林里创作的山水、自然是造园家对山水、自然的美的感受，因地因势制宜地表现即创作。园林里所要表现的自然，不仅是美的，而且是要表现人类按照美的法则去改变周围现实的愿望，是社会主义时代人们所需要创造的更加美丽、更加适宜于也有利于人民美好生活的自然

112。

113 无锡蠡园，有西式别墅和中式塔榭，呈现中西交融的风格。蠡园管理处提供

113

创造现代城市公园时，我们还应吸取外国的园林艺术中的优秀传统和新成就。近代外国公园，无论在为广大居民游憩生活上，在布局上，在植物造景上，尤其在用植物群落的方式上，色彩、形态、高低等组合的花坛花缘上，在运用喷泉、壁泉等理水方式上，在运用雕塑作品上，以及运用形式新颖简朴的园林建筑物、构筑物于园林中等方面，都有不少东西值得我们学习借鉴和吸取[113]。

只要认真地总结和批判地继承我国园林遗产及其优秀传统，吸收世界各国园林对我有用、有益的部分，充分运用现代科学和技术成就，以我民族所特有的独创的风格和生动的艺术形象来创作具有中国特色的现代公园，经过几代人的实践努力，必将在我国园林发展史上展开光辉灿烂的新的一页！

（下篇）中国古代园林艺术传统

第一章 中国山水园的创作特色

发展到近代为止，中国的园林是以创作山水、自然为生活境域的山水园而著称。我们对于“山水园”的理解不能仅仅从字面上来看，认为就是山和水而已，它是包括了山、水、泉石、云烟岚霭、树木花草、亭榭楼阁等题材构成的生活境域，但这个境域是以山水为骨干的114。自古以来，无论是皇帝的宫苑也好，士大夫、地主富商的园林也好，都是为了“放怀适情，游心玩思”而建造的，或则利用天然景区加以改造成为美的自然和游憩休养的生活境域，或则在城市里创作一个山林高深、云水泉石的美的自然和美的生活的境域。劳动人民，在统治阶级的压迫和剥削之下，或仅仅能使生活维持下来，或只有极少的和有限的享乐，比如说，到郊坰胜地或天然胜区的寺庙、丛林去游赏。

中国人对山水的爱好是十分深厚的，而且迫切要求在居住生活中也能表现自然。要在作为生活境域的园林里去表现自然，创作山水，早就已经有了。到了西汉，那个时

114 明代钱穀《小祇园图》，所绘王世贞弇山园为晚明四大名园之一。台北故宫博物院藏

114

候在宫苑中创作的山水跟战国和秦代开始的方士炼丹、黄老之术，跟神仙的传说和海中有仙岛的故事相关联。由于这种想法，于是在宫中穿凿一个大的湖池好比是大海，湖中有蓬莱、方丈、瀛洲等神山好比仙岛，身临其间时，就想象为好比“真人”一样生活在仙境中了。虽然开始的时候，这种有山有水的布置是跟皇帝统治者的妄想长生不老、妄求永统天下的思想密切相关，但逐渐地这种“一池三山”的布置就成为园林中布置山水的一个传统115。当然，这个传统随着社会经济的发展，随着人们对认识和表现山水（自然）的技巧上的不断进步，其内容是在变化着的。

在我国文化传统中，歌颂自然的文学、艺术作品是非常丰富的。它们都确切地表明中国人民对山水的爱好是十分

115弇山园平面复原示意图，北部的三座弇山象征海上三仙山

116宋人绘《独乐园全图》，司马光独乐园为北宋山水园的代表作。台北故宫博物院藏

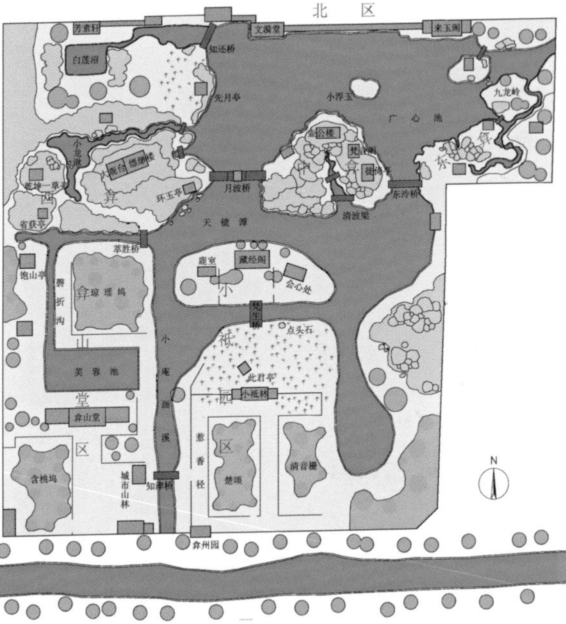

115

116

深厚的，感受是非常深刻的。伟大祖国的锦绣河山永远是中国人民热爱歌颂的对象，启发了人们无尽的诗情画意。毛泽东同志《沁园春·雪》的诗句有“江山如此多娇，引无数英

117 宋代刘松年《西园雅集图》(局部),描绘了苏轼等名士在园中欣赏书画器物。台北故宫博物院藏

117

雄竞折腰”,充分说明了我中国人民是如何热爱自己祖国的多娇河山。由于中国人民对山水的喜爱,并迫切要求在城市生活中也体现自然和接近自然;由于历代匠师们积极创造的努力,就发展了怎样在生活境域的园林中具体地体现自然的手法和技巧。到了唐宋,山水园的创作已获得优秀的全面的成就116,到了明朝有更为完善的成就,并得以写成园林艺术专书——《园冶》。山明水秀人文发达的江南地区,自南宋以来,特别是明清两朝,兴建了众多名园。干燥寒冷的北方,特别是元、明、清的京都——北京,在康熙、乾隆时期,宫苑的兴建极盛,由于这些规模庞大的园林修建的实践,使园林艺术获得了前所未有的卓越的成就。

园林里所表现的自然,所创作的山水,还只是形成传统的园林的一个自然境域,或则说一个自然环境基础。这种地貌创作一般要求是有山有水。有了山也就是有了高低起

伏的地势，就可以扩增空间。但有了山还只是静止的景物，必须有水方好，所谓“山得水而活”。有了水就能使景物生动起来，而且在筑园的实际上，凿池就能堆山（土方平衡）。有了山也不能是童山濯濯，必有草木的生长才能有效，所谓“山得草木而华”。有山有水，有树木花草，也就是有了自然景物，还必须可行可居，可以进行各种文化、休息活动才能成为生活境域。于是有处可居就有轩斋堂屋，有景可眺就有亭台楼阁，借景而成就有榭廊敞屋，以及竞马射箭、弈棋抚琴、宣奏乐曲等等活动的场所[117]。所有为了这些功能要求而建造的建筑物我们称之为园林建筑。这些园林建筑的摆布全在相其形势之可安顿处、可隐藏处、可点缀处……或架岩跨涧，或突入水际，或依山麓，或置山巅……总之，要根据创作的形势相配合，是因景而生，借景而成。只有这样才能见景生情，才能真有意味，所以园林建筑常是景物创作的对象之一。

无论是宅园里或宫苑里的园林建筑，除了某些在一定地点的亭榭之类建筑常作为单独建筑物来布置以外（例如在半山、山顶的作为休息眺景的亭或水际的榭等），一般的园林建筑常是由各种不同的单个建筑组合成为一个建筑群，或称建筑组合。建筑组合的基本形式或是“一正两厢”围成中心院落，通称四合院，或是由中心轴线上多重组合，通称为重列式，或是四合院式和中轴线上重列式相结合；而在园林中更多见的是在上述基础上或增一间半室，或错前列后，或

118 北京颐和园扬仁风殿，采用别致的扇形，并自成一处独立小园。喜龙仁摄

119 明代张宏《止园图》（其一），描绘了一座竹林环绕的幽静书斋。洛杉矶艺术博物馆藏

118

119

依势因筑而有错综复杂的变化。单独建筑物平面的本身也可以有种种样式的变化，例如口字形、工字形、曲尺形、偃月形等等。这些建筑群又常以回廊界墙围起来，并结合树木花草、山石水体的配置，连同四周的自然风光而意境自成，可以成为独立性的局部，即园中园，有时也称作景区[118]。

园林建筑毕竟不同于一般性的建筑物，除了满足居住的、休息的或游乐的生活等实际需要外，往往是园景的构图中心。至于一些构筑物如码头、船坞、桥梁、棚架、墙廊等也未尝不是如此，除了满足一般功能要求外，也往往是园中的景物。

我国园林中的树木花草（观赏植物）不仅是为了使山水“得草木而华”，或是为陪衬园林建筑而相结合和点缀其间。观赏植物本身也常组成群体而成为园林中的景。例如梅林、竹林等。特别是在城市宅园中要达到城市山林的意境，更要有嘉树丛林的布置。用植物题材构成的意境，首要是得植物的性情[119]。

总的说来，我国传统的园林是以创作的山水为生活境域的，在这个创作的“自然”基础上，随着形势的开展和生活内容的要求，因山就水来布置树木花草，亭榭堂屋，互相协调地构成切合自然的生活境域并达到“妙极自然”的境界。所以这种园景的表现，不仅是一般自然的原野山林的表现，而且表现了人对待自然的认识和态度、思想和感情，或则说表现了一种意境。

我们要求怎样来具体表现所认识的山水呢？也就是说，达到怎样一种境界呢？我国园林艺术专著《园冶》中有这样一句名言，叫作“虽由人作，宛自天开”，或则如古人所说的要达到“妙极自然”的境界，或则如曹雪芹在《红楼梦》中借贾宝玉评稻香村时所提出的一番议论，“有自然之理，得自然之趣，虽种竹引泉亦不伤穿凿，古人云天然图画四字，正恐非其地而强为其地，非其山而强为其山，虽百般精巧，终不相宜”。这些都说明园林创作的意境要切合自然，要真实，也就是说园林中的一丘一壑、一泉一石、林木百卉的摆布都不能违背自然的规律，不能矫揉造作，而要入情入理。清代方薰在《山静居画论》里写道：“画之为法，法不在人；拙而自然，便是巧处；巧失自然，便是拙处。”这里所谓法就是规律，所谓“不在人”就是说不是人的意识所能左右的。法是客观存在的规律，画山水而能符合山水构成的规律，便是巧处，不合山水构成的规律即便百般精致也是拙处。当然，这里所谓符合山水构成的规律是指创作的山水应当符合自然地理学的山水构成原理，但是并非说就是自然地理的景观图。山水园或山水画是艺术作品，既要真实又要表现人对自然的思想感情。所以“妙极自然”并不就是自然的翻版，“宛自天开”并不就是跟天生的一模一样，拿现代的话来说“妙极自然”和“宛自天开”可以理解为就是要真实地、具体地、深刻地反映自然。符合这一根本命题的园林才是艺术创作的园林。

120 承德避暑山庄山水景致，右侧为𥐟山，中央远处为永佑寺塔。黄晓摄

120

我国著名的园林如承德的避暑山庄，北京的颐和园、北海，苏州的拙政园等对于今天的我们还保有艺术意义，并继续使我们得到美的享受，首先就因为这些园林是有生命的艺术作品，是与艺术中某种永恒的东西联系着的，是由于它们的内容、真实性和以优美的艺术形式表现出来的山水深深地感动着我们120。优秀的古代作品总是吸取了人民的素材，人民数千年来所积累的所创作出来的艺术形象、技术经验等，因此它的根源是在人民深处，是在人民的创作之中。所以任何一个名园中的优秀的叠石掇山和理水，亭榭楼阁和轩斋，树木花草的布置，无一不是和人民的创作相连的。

自从秦汉以来直到清朝，无论是帝王的宫苑或士大夫、地主富商的园林，都是封建社会的产物，其思想内容都是反映了封建统治者、地主阶级的生活、心理、美的概念。对

待客观景物的评价或态度等，都是为统治阶级少数人服务的，这是它的明确的基本思想内容。但是在不同的历史发展阶段，园林的基本内容及其形式也自有不同的地方，总的说来，秦汉的宫苑形式是苑中有宫，宫中有内苑，别馆相望，周阁复道相属，以豪华壮丽、气象宏伟的宫室建筑为苑的主题。正因为它是从建筑构图而来，这种离宫别苑里的建筑布局虽然有错前落后曲折变化，但仍有轴线可寻。在主题的多样性上既保存有殷周的狩猎之乐的囿的传统，同时，因为宫室建筑而有犬马竞走之观，荔枝珍木之室，演奏宣曲之宫，而宫城之中更有聚土为山、十里九坂、凿池称海、海中有神山的地形创作。隋代的宫苑是一个转折点。到了宋代，苑宫的基本内容就不一样了，不在宫室建筑群而在乎山水之间。正因为它是从创作山水的构图而来，布局上就不是什么轴线处理了。在创作山水为骨干的基础上，随形相势，穿凿景物，摆布高低，列于上下，处处都是从景上着眼。在主题多样性上，展开有各种不同意味的景区，它们是山水、建筑、植物互相协调地结合而表现出各具特色的意境。

第二章 传统的布局原则和手法

第一节 传统的布局原则

我国园林形式的特色首先表现在布局上充分利用因山就水高低上下的特性，以直接的景物形象和间接的联想境界，互相影响，互相关联，组成多样性主题内容。占地广大时，出现园中有园（多个景区），景中有景，展开一区又一区，一景复一景，各具特色的意境；占地不大的，也自有层次，曲折有致地展开一幅幅诗情画意之图景121。

我国园林创作的布局上有哪些传统经验呢？概括起来，可以归纳为下列几条，即：一、相地合宜，构园得体；二、景以境出，取势为主；三、巧于因借，精在体宜；四、起结开合，多样统一。

相地合宜，构园得体

我国园林创作上，首先要“相地合宜，构园得体”（《园

121 苏州网师园是小园典范，环池一周，处处入画

121

冶》)，这就是说，规划一个园林即布局时，最基本的是要考虑到园地的自然条件的特点，充分利用、结合并改善这些特点来创作景物，才能构园得体。我们在清朝宫苑一章中也已有所论及。例如承德避暑山庄是自然山林地，又有泉源、山地部分，“有高有凹，有曲有深，有峻而悬，有平而坦，自成天然之趣，不烦人事之工”。至于圆明园，在北京西郊平原区，虽没有冈峦溪谷之胜，但能充分运用泉水丰富的有利条件，溪涧四引，就低汇注湖池，处处掇山堆阜，周流回环，创作自然形胜[122]。《园冶》一书中“相地篇”把园地分为多种，各有其宜，只要相地合宜，精心经营，巧妙安排，自能构园得体，有天然之趣和高度的艺术成就。

景以境出，取势为主

至于怎样在布局中创作景物？古人云：“景以境出。”也

122

122《圆明园四十景图》之多稼如云，展示了山水相依的理景艺术

123 苏州拙政园西园，从倒影楼前向南眺望，山巅未宜两亭，两者互为对景，左侧连以贴水游廊

123

就是说，景物的丰富和变化都要从“境”产生，这个“境”就是布局。“布局须先相势”（清沈宗骞:《芥舟学画编》），或说布局要以“取势为主”（明董其昌:《画旨》），然后“随势生机，随机应变”（清方薰:《山静居画论》），总的来说，景物的创作要从布局产生；布局必须相势取势，随着形势的开展而有景物，所谓得景随形，随着景物的变化而有布局的错综，所以布局和景物是相互关联的 123。如果单纯地创作景物，有景物的变化而没有布局，势必杂乱无章不成其为整体的园林了。

巧于因借，精在体宜

园林的得景虽从境出，其关键还在能“巧于因借”（《园

冶》)。所谓“因者，随其基势高下，体形之端正”(《园冶》)，为此“因”就是因势，取势的同义词。《园冶》中又写道：“借者，园虽别内外，得景则无拘远近。”就园内景物来说，不仅要因势取势，随形得景，还要从布局上考虑使它们能互相借资，来扩增空间，达到景外有景。具备这样一个布局时，当我们从园林的某一个景点外望，周围的景物都成了近景、背景，反过来从别的景点看过来，这里的景物又成了近景、背景，这样相互借资的布局合宜，就能频增多样景象而有错综变化。不但园内景物可以互相借资，就是园外景物不拘远近，也可借资，从不同的角度收入园内，也就是说在园内一定的地点、一定的角度能眺望得到的，就好似是园内景物一般[124]。但不论是因是借，也不问是内借或外借，其运用的关键全在一个“巧”字。就是说，任何因借，必须自然而然地呈现在作品里，要天衣无缝，融洽无间，才能称得上巧。能够巧于因，才能“宜亭斯亭，宜榭斯榭”；能够巧于借，才能“极目所至，俗则屏之，嘉则收之，不分町疃，尽为烟景，斯所谓巧而得体者也”。(《园冶》)

起结开合，多样统一

布局不但要相势取势来创景，巧于因借来得景，同时这些多样变化的景物，如果没有一定的格局，那么就会零乱庞杂，不成其体。既要使景物多样化，有曲折变化，同时又要使这些曲折变化有条有理，使多样景物虽各具风趣但又能互相联系起来，好似有一条无形红线把它们贯穿起来，从这

124 苏州拙政园，从梧竹幽居向西眺望，借景报恩寺塔。贾珺摄

124

个意境，忽然又别有一番意境，走向另一个意境，激发人们无尽的情意。具有这样一种布局是我国园林最富于感染力的特色之一。

多样统一的章法，在我国传统上归之于“起结开合”四个字，应当首先指出这个章法的运用，当然不能公式化，而要决定于布局所要求的特定任务。什么叫作“起结开合”，清沈宗骞在《芥舟学画编》里有很透彻的发挥，他说道：布局“全在于势。势者，往来顺逆而已。而往来顺逆之间，即开合之所寓也。生发处是开，一面生发，即思一面收拾，则处处有结构而无散漫之弊。收拾处是合，一面收拾一面又思生发，则时时留有余意而有不尽之神……中间承接之处，有势好而理有碍者，有理通而不得势者，则当停笔细商，候机神之凑会，开一笔便增许多地面，且深且远，但如此不商，所以收拾将如何了结？如遇绵衍抱拽之处，不应一味平塌，宜思另起波澜。盖本处不好收拾，当从他处开来，庶免平塌矣。或以山石，或以林木，或以烟云，或以屋宇，相其宜而用之。必于理于势两无妨而后可得。总之，行笔布局，一刻不得离开合”。这段议论的大意是说，布局全在开合（即起结），一开一合之中，曲折变化无穷。但是在开合的布局中，一面展开景物，一面就要想到如何收拾（即合），一面收拾，一面又要想到怎样再拓开景物。只有这样才能使结构全面严密，不论是开是合，都要既取因地之势又要合乎自然之理，总之处处要入情入理[125]。

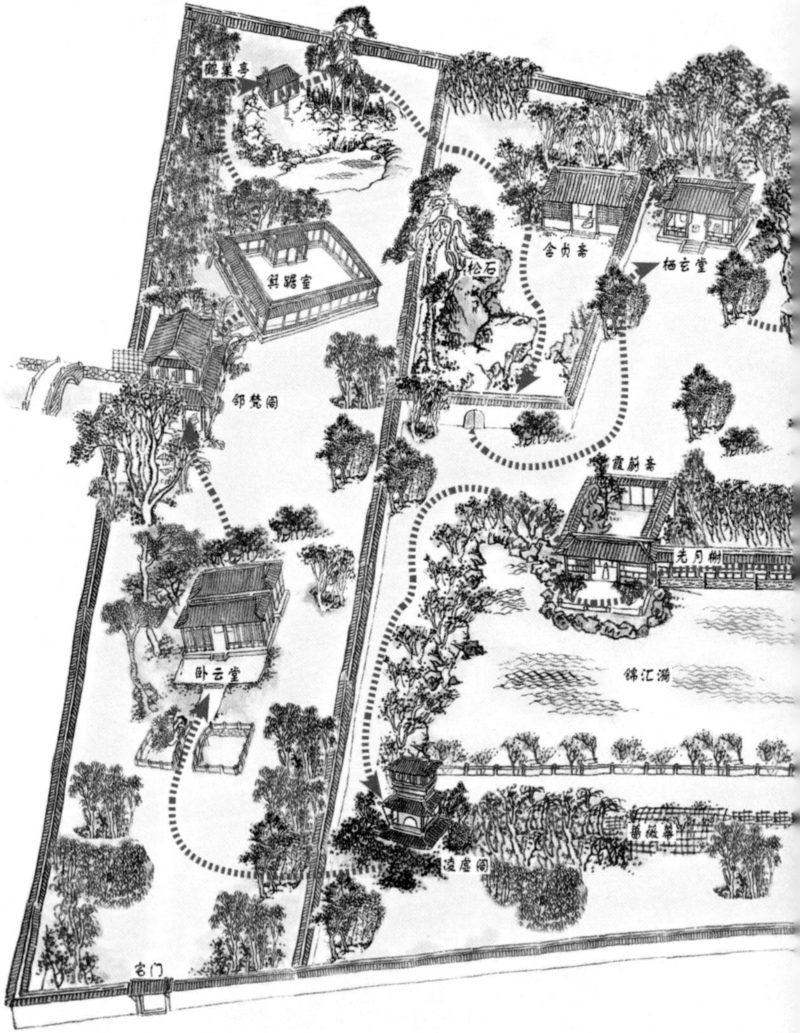
鹤巢亭
含贞斋
松石
栖玄堂
箕踞室
邻梵阁
霞蔚斋
先月榭
锦汇漪
卧云堂
凌虚阁
蔷薇幕
宅门

125晚明寄畅园复原示意图。景致沿游线一路展开，体现了起结开合的布局艺术。黄晓复原，于继东绘制

125

第二节
布局的手法

布局是就园林的总的群体来构图（相当于一般所说的总体规划），也可叫作总布局，或则就总体中一个大的群体（功能分区、景区等，也叫作局部）来构图也统称布局。前面已说过：布局是要使个别的因素和总体协调地统一起来，使所要表现的东西更具体更集中地表现出来，这就必须讲究艺术手法，才能明确交代思想主题。

每个新的时代的园林有它新的任务；每个具体园林还有它自己的任务所要求的思想、主题，有它自己的自然特点、个别因素和总体关系等等。我国园林艺术传统上有哪些布局手法，可以从中吸取创作经验，灵活地运用到新型园林的创作中。当然，学习手法是跟学习布局原则一样，不能把它们公式化、概念化，而是要善于学习和把握前人对于该时代反映自然和生活的艺术表现手法。

前人经验所累积的布局手法是广大而多样化的。这里概括了一些布局上重要的手法，即“起结开合”中障景、隔景的手法，对比的手法和借景的手法。不同任务的不同主题的园林设计，提出新的布局和手法的要求。要能很好完成这种任务要求，全在于我们学习前人经验的基础上创造性地运用，所谓“匠心独运”。

126 苏州拙政园腰门后的土石假山，成为远香堂前的障景

127 无锡蠡园千步长廊，外为开阔的太湖，内为幽静的园景。蠡园管理处提供

126

127

障景、隔景的手法

中国园林中起手部分的一个传统手法，就是既不要使园内景物一览无余，又要能引人入胜地开展。为了达到这样一个要求，于是有所谓障景的手法。起手部分的障景可以运用各种不同题材来完成。这种屏障可以是叠石垒土而成的小山就叫作山障，例如颐和园仁寿殿后的土石山，苏州拙政园内腰门后的叠石构洞的石山[126]。也可以是运用植物题材，例如一片树丛，就可以叫作树障。也可以是运用园林建筑小品。通常在宅园方面，往往是要经过转折的廊院才来到园中，就可叫作曲障。例如苏州的留园，进了园门顺着廊转折前进，经过两个小院来到“古木交柯”和“绿荫”，从漏窗北望隐约见山、池、楼、阁的片段；怡园也是要经过曲廊才来到隐约见园景的地点。或则像无锡的蠡园那样进洞门后有墙廊领引到园中，廊的一面敞开为了可见太湖水景，廊的内面是漏明墙，墙后又有树丛，使人们只能从漏窗中树隙间隐约见园中景物[127]。

总之，障景的手法不一，并非呆板成定式，但其目的则一也，采用障景手法时，不仅适用的题材要看具体情况而定，或掇山或列树或曲廊；而且运用不同的题材来达到的效果和作用也是不同的，或曲或直，或虚或实，或半隐或半露，半透半闭，全应根据主题要求而匠心独运。障景手法的运用，也不限于起手部分，园中处处都可灵活运用的。

中国园林特色之一，正是由于障景的起手，才能有引人入胜的生发。以宅园为例，进了园门或穿过曲折的山洞，或宛转丛林之间，或走过曲廊小院来到可以大体半望园景的地点。这个地点（生发处）往往是一面或四面敞开的轩亭之类的园林建筑，便于停息而略窥全园或园中主景。这里常把园中优美景色的一部分呈现在你的眼前或隐约可见，但又可望而不可即，使游人对于这个园林产生欲穷其妙的想望，也就是引人入胜的生发。

过去，无论是私人宅园，或是帝王宫苑，都是供少数人游乐的，即使像帝王的宫苑规模尽管大，但在手法上还是从少数人出发，因此，曲廊小院的曲障，叠石构洞的山障，对于我们今天群众性综合公园的起手部分来说不能照式抄袭。但是在一定的主题要求下，障景的手法还是需要的，而且可以达到同样的效果和作用。例如北京陶然亭公园的东门，宽广的入口在广场的背面，种植树丛，而且路分左右，一边到露天舞池去，一边到园的南部。由于树丛的障景，转折一段后才能见到东湖水面和牌坊、锦秋墩等远景。

要使景物有曲折变化，就得在布局上因势随形划分多个景区，然后一区又一区，一景复一景地展开。规模宏敞的园林可以有数十个景区，例如圆明园、避暑山庄等。即使规模小的园林以及园中之园或宅园等，甚或不能有明显的区划时，至少有层次的展开，一重又一重的景物展开。例如北海的静心斋，这个园中之园的主体部分，一重复一重地展开了曲折的山景，增进了深远的意境，叠翠楼是收拾处，但又有住而不住之势，于是从那里下来又有枕峦亭、山洞、叠石等余势[128]。

中国园林中划分景区通用的手法可称作隔景。在题材的运用上或以绵延的土冈把两个不同意境的景区划分开来，或同时结合运用一水之隔的方式。例如圆明园的各个景区，绝大部分是用冈阜环抱、溪河周流的方式，或左山右水，或隔水背山等，为了隔景和划分景区而运用的冈阜，势不在高，二三米即可，三四米亦可，只要其高足以挡住视平线即可[129]，隔景手法上可运用的题材也是多种多样的，或用树丛植篱，或用粉墙、漏明墙，或用敞廊、墙廊、复廊。总之运用的题材不一，但其目的则一，都是为了隔景分区。这种隔景本身又常成为它所组成的景区的背景，甚或就是主体。隔景分区手法所起的效果和作用要根据主题要求而定，或虚或实，或半虚半实，或虚中有实，或实中有虚。简单说来，一水之隔是虚，虽不可越，但可望及；一墙之隔是实，不可越，也不可见。疏朗的树林，隐隐约约是半虚半实；而漏明墙，或有风窗的墙廊是亦虚亦实。一水之隔也可以说是虚中有实，是虚，因为视线并未受阻，但虚中有实，因为并不就能越过。步廊可说是实中有虚，是因为明明有一廊之隔，但又是虚，因为视线可以透过。

运用隔景手法来划分景区时，不但把不同意境的景物分隔开来，同时也使新的景物有了一个范围。由于有了范围物，一方面可以使注意集中在所范围的景区内，一方面也使

128 北京北海静心斋湖石假山，远处为叠翠楼，山巅为枕峦亭

128

129《圆明园四十景图》之别有洞天，以丘峦与周围景区隔开

129

从这个到那个不同主题的景区时感到各自别有洞天，自成一个单元，而不致像没有分隔时那样有骤然转变和不协调的感觉。清沈宗骞在《芥舟学画编》里说得好："布局之际，务须变换，交接之处务须明显。有变换则无重复之弊，能明显则无扭捏之弊。"事实上，隔景也成为掩藏新景物的手法而起障景的作用。因此所谓隔景所谓障景不过是就其所起作用和效果而说的，是便于分析具体作品的说明而有的，实际上它

们都是布局上完成一定要求的手法。

对比或对照的手法

一开一合中产生曲折变化的一个重要手法就是对比或称对照的运用。所谓对比，就是有矛盾和参差，或则说有互相不同特点的、各自发挥其特性的形象同时呈现在一个景内，因而就能产生非常有效果的变化。例如明和暗、动和静、虚和实、高和低等等，清沈宗骞在《芥舟学画编》里关于对比做了透彻的发挥。他写道："欲直先横，欲横先直……将仰必先作俯势，将俯必先作仰势。以及欲轻先重，欲重先轻，欲收先放，欲放先收之属，皆开合之机。"接着又写道："至于布局，将欲作结密郁塞，必先之以疏落点缀，将欲作平远纡徐，必先之以峭拔陡绝；将欲虚灭，必先之以充实；将欲幽邃，必先之以显爽；凡此皆开合之为用也。"从这段开合之机、开合之为用的议论来看，横和直是线条的对比，仰和俯是形势的对比，轻和重是量的对比，收和放是境的对比……曲折变化尽在其中。我国园林中无论是布局上还是造景上运用对比手法的例子，随在皆是。例如明艺圃的入园青梧夹道本是树丛夹道，浓密荫闭[130]，俄而豁然开朗一片平远的景色呈现在眼前[131]，所谓柳暗花明又一村，正是明暗的对比。避暑山庄的沧浪屿，峭壁之下，一池横列，正是纵形和横行的体量对比。例如北海的古柯庭，一株亭亭如华盖的古树下散点山石数块，益显得古木参天，正是高和低、大和小的对比。或如长河溪流随

130 苏州艺圃入口竖向狭长的巷道。贾珺摄

130

131 苏州艺圃横向铺展的山池主景。贾珺摄

132 北京颐和园借景玉泉山塔。楼庆西摄

131

132

其势而有宽有狭，正是一收一放的境的对比。闲闲小园寂寂庭院中，引来一股清泉，蜿蜒在岩石花草间，潺潺水声，正是动和静的对比。或如“万绿丛中一点红”正是色彩对比的运用。

借景的手法

在一定地域内（即园内）即使能够熟练地运用各种手法来造景，使园景多样化，但还总属有限，更重要的是能够“巧于因借”。计成在《园冶·借景篇》里写道：“夫借景，林园之最要者也”，在《兴造论》里写道：“借者，园虽别内外，得景则无拘远近……极目所至，俗则屏之，嘉则收之……斯所谓巧而得体者也。”这就是说得景不分内外，园内景物固然可以互相借资为用，园外风光更应借资，收入园内。只有这样，园景的变化才能扩延于无穷，而且得来不费分文。可以这样断语，自周以来所有园林，无不运用借景来丰富景色[132]。

借景的手法也有多种，“如远借、邻借、仰借、俯借，应时而借”（《园冶·借景篇》）。远借主要是借园外远处的风光美景，如峰峦冈岭重叠的远景，田野村落平远的景色，天际地平线湖光水影的烟景，只要极目所至的远景，都可借资，但远借往往要有高处，才可望及，所谓欲穷千里目，更上一层楼。因此远借时，必有高楼崇台，或在山顶设亭榭。登高四望时，虽然外景尽入眼中，但景色有好有差，必须有所选择，把不美的屏去，把美的收入视景中，这就需要巧妙的构图。或利用亭榭的方位，使眺望时自然而然地对着所要借资的景物，为此在布局时必须注意建筑物的朝向角度。或地位使然，只能注目到某一朝向，例如避暑山庄烟雨楼西北角的方亭。或利用亭榭周旁的竖面，或种植树丛来屏去不美的景物，使视线集中在所要借资的景物。

高处既可远借，也可俯借，这里所谓高处，自是相对而说的，观渔濠上，或凭栏静赏湖光倒影，都是俯借。俯借和仰借只是视角的不同。一般地说，碧空千里，白云朵朵，明月烁星，飞鸟翔空都是仰借的美景，仰望峭壁千仞，俯望万丈深渊，这也是俯仰的深意。邻借和远借只是距离的不同，一枝红杏出墙来固然可以邻借，疏枝花影落于粉墙上也是一种邻借，漏窗投影是就地的邻借，隔园楼阁半露墙头也是就近的邻借。至于应时而借，更是花样众多，拿一日之间来说，晨曦夕霞，晓星夜月，拿一年四季来说，春天风光明媚，夏日浓绿深荫，秋天碧空丽云，冬日雪景冰挂，这些四时景物都可借资不同季节的气候特点而表现。就拿观赏树木来说，也是随着季节而转换的，春天的繁花，夏日的浓荫，秋天的色叶，冬日的树姿，这些也都可应时而借来表现不同的意境[133]。

这种种借景手法，全在能“巧而得体”。例如前章清朝宫苑中提到的避暑山庄内望僧帽峰、罗汉峰，这些远景仿佛就在园内而不觉它们是庄外远借的景色。一方面也因为庄内西部原有峰岭自然环境，一方面僧帽峰、罗汉峰虽在东垣

133 无锡寄畅园冬景。在嘉树堂前隔着水池、知鱼槛眺望龙光塔，为园林借景的典范

133

外，因东垣内堆叠的冈阜将宫垣隐去，使得庄内堆叠的冈阜好似是堆于前的山阜，使庄外的山岭成为前后层次的视景，相连成一体，斯正所谓巧而得体者也。

多样统一

园景如果没有变化，固然单调无味，有了变化而不能统一起来，就会形成烦琐紊乱。因此布局造景不仅要有曲折变化，还要能统一起来，把富于变化的景物能够互相关联，有规律地统一起来。所谓多样统一就是既要多样又要统一，既要使其在布局中有变化，又要在变化中使其集中，在集中里又使其有变化134。多样统一看起来似乎是很繁复的结构

134 北京颐和园前山建筑群，东为转轮藏，南为排云殿，西为宝云阁，北为琉璃海，以中央佛香阁统摄全体，组成水金火木土的五行主题，体现了多样统一的原则。楼庆西摄

135 北京恭王府萃锦园绿天小隐框景

134

135

问题，其实只要真正胸有成竹，把握住一定规律和景物的相互关系时，自然而然地就能和谐，就能统一。前面我们讲到的起结开合、曲折变化等手法就是既有变化又能统一的，因为在一开一起中展开景物的变化而归之于一结一合，自然而然地一气呵成，和谐统一。布局中障景、隔景的手法也是为了多样统一。

框景构图

从局部构图来说，既要在构图中使其变化，又要在变化中使其集中的常用手法就是称作框景的构图法。由于外间景物不尽是可观，或则平淡中有一二可取之景，甚至可以入画，于是就利用亭柱门窗框格，把不要的隔绝遮住，而使主体集中，鲜明单纯，好似一幅画一般。例如颐和园的湖山真意亭，运用亭柱为框，把西望玉泉山及其塔的一幅天然图画收入框中，于是人们注意力就集中在这幅天然制作的画面而不及其他。如果在室内从里朝外眺望庭院，只要构图合宜，二三株观赏树木或几块山石，数株修竹……都能够入画。把平淡的景物有所取舍，使美好景物强调突出在框格中自成佳景 135。

这种框景构图的处理如果能够灵巧地运用在总体布局中，那么就能随着人们的行进面面有景，处处有情，千变万化，如山阴道上应接不暇。特别是在苏州宅园中，框景的运用十分巧妙，大有一转变一象，一折变一景，见景生情，情景结合，既变化又集中，给人有力的感染 136。

136 苏州艺圃浴鸥小院的月洞门框景。贾瑶摄

136

前人的园林创作经验上所积累的布局造景手法是广大而多样化的。这里只是概括了一些布局上的主要手法，只能举其荦荦大者。重要的是我们向历史园林作品的学习应当就前人如何反映当时的现实这个前提下去体验和领会前人创作景物的手法、技巧。重要的是能匠心独运，巧于因借，精在体宜，布局和造景固然是为了产生变化，在变化中又有集中并能多样统一。这种变化应当自然而然地呈现在作品里，跟内容融合无间，好似本来就存在于题材之中，通过作家才把它发掘出来，而这变化原是存在于现实本身之中。

第三章 掇山叠石

作为生活境域之一的中国园林的自然环境基础是山水，而且一般地说，都是在原有的地形凸凹和水源可寻的基础上来进行的。“疏源之去由，察水之来历”，低凹可开池沼，掘池得土可构冈阜，使土方平衡，这是自然合理而又经济的处理手法。在没有天然水源的地方筑园，当然就很难引水注池。但兴造规模较大的园林，早在相地的时候就要注意到水源条件。面积很小的宅园、花园的兴造，即便没有天然水流也可利用井水提注，“小借金鱼之缸”或一洼清水而小巧有致。

中国园林中创作山水的基本原则是要得自然之趣及其性情，明代画家唐志契在《绘事微言》中说：“最要得山水性情，得其性情便得山环抱起伏之势，如跳如坐，如俯如仰……亦便得水涛浪萦洄之势，如绮如鳞，如怨如怒”，这里所谓“得其性情”就是要掌握山水构成的规律，从思想感情上把握着山水的客观形貌所引起的性格特点，只有掌握了山水构成的规律才能使所创作的山水真实，只有从思想感情

137 上海豫园黄石大假山，为明代叠山的典范

137

上把握住山水的客观形貌所引起的性格特点，才能生动地、具体地、集中地表现自然。

因此，我们对于园林作品中山水创作的评价，首先要求合乎自然之理，就是说要合乎山水构成的规律，才能真实，同时还要求有自然之趣，也就是说从思想感情上把握着山水客观形貌所引起的性格特点，才能生动，才能感动人。园林里的山水，不是自然的翻版，而是综合的典型化的山水137。

第一节
掇山总说

因地势自有高低，园林里的掇山应当以原来地形为据，因势而堆掇，掇山可以是独山，也可以是群山。“一山有一

山之形势，群山有群山之形势”，而且“山之体势不一，或崔巍，或嵯峨，或峭拔，或苍润，或明秀，皆入妙品”。（清唐岱《绘事发微》）怎样来创作不同体势的山，这就需要“看真山……辨其地位，发其神秀，穷其奥妙，夺其造化”。

如果掇山而冈阜连接压覆就称作群山，例如北宋的寿山艮岳。群山之立局，虽然在园林著作中未见有论及，但早在五代荆浩，宋朝李成、韩拙等论画中都有发挥[138]。清唐岱在《绘事发微》中所论也是同一番意思，他说：“其重叠压覆，以近次远，分布高低，转折回绕，主宾相辅，各有顺序。”要掇群山必是重重叠叠，互相压覆的形势，有近山次山远山，近山低而次山远山高，近山转折而至次山，或回绕而至远山。近山次山远山，必有其一为主（称主山），余为宾（称客山），各有顺序，众山拱伏，主山始尊，群峰盘亘，祖峰乃厚。这是总的立局。总的立局确定，就可“逐段滋生”，就可“土石交复以增其高，支陇勾连以成其阔。一收复一放，山渐开而势展，一起又一伏，山欲动而势长”。不论主山、客山都可适当地伸展，而使山形放阔，向纵深发展，这样就可以有起有伏，有收有放，于是山的形势就展开了，动起来了，一句话，就能富有变化了。同时古人又指出，既是群山必然峰峦相连，就必须注意“近峰远峰，形状勿令相犯”，不要成排比，或笔架烛列。

明清遗存的宫苑，例如避暑山庄的湖洲区和圆明园的残迹，尚可看到冈阜连接压覆的形势，跟上段论画中对于群

138 五代荆浩《匡庐图》，描绘了层峦叠嶂的群峰景致。台北故宫博物院藏

138

山的议论可说是相通的。至于像北海琼华岛的白塔山那样高广的大山也可说是叠大山中目前仅有的范例。但掇山的形体变化不一，不能定式，而且掇山不像建筑那样，难以先有施工详图然后完全照图施工。当然掇山必先胸有丘壑，也就是说掇山的规模和大体的轮廓还是可以设计的，也可以做出模型，然后在施工过程中指导局部的支陇勾连，园林中掇山的技法，诚如李渔《闲情偶寄》中所说的“另是一种学问，别有一番智巧”。

就一山的形势来说，山的主要部分有山脚（即山麓）、山腰、山肩和山头（即山顶）之分。掇山必须相地势的高低，要“未山先麓，自然地势之嶙嶒”（《园冶》）；至于山头山脚要“俯仰照顾有情”，要“近阜下以承上”，这都是合乎自然地理的。山又分两麓，“阴阳相背”而且“半寂半喧”，这就是说山的阴坡土壤湿润，植被丰富而喧，阳坡土壤干燥，植被稀少而寂，山的各个不同部分又各有名称，而且各有形体[139]。“洪谷子云：尖曰峰，平曰顶，员（注：同圆）曰峦，相连曰岭，有穴曰岫，峻壁曰崖，崖下曰岩，岩下有穴而名岩穴也……山冈者，其山长而有脊也……山顶众者山巅也……岩者，洞穴是也。有水曰洞，无水曰府。言堂者，山形如堂屋也。言嶂者，如帷帐也……土山曰阜，平原曰坡，坡高曰陇……言谷者，通路曰谷，不相通路者曰壑。穷渎者无所通，而与水注者，川也。两山夹水曰涧，陵夹水曰溪，溪中有水也。”（宋韩拙《山水纯全集》）这里摘录

139《芥子园画谱》中的峰峦

139

的都是一些通见的名称。此外，山峪（两山之间流水的沟）、山壑（山中低坳的地方）、山坞（四面高而当中低的地方）、山隈（山水弯曲的地方）、山岫（有洞穴的部分）也是常见的一些名称。所有这些，都各具其形，都可因势而创作[140]。对于这些个别的形势的掌握若不是曾经“身历其际……融会于中，又安能辨此哉”（清唐岱《绘事发微》）。

更有进者，“山有四方体貌，景物各异”。这就是说山的体貌因地域而有不同，性情也不一样。所谓“东山敦厚而广博，景质而水少。西山川峡而峭拔，高耸而险峻。南山低小而水多，江湖景秀而华盛。北山阔墁而多阜，林木气重而水窄”。宋朝韩拙在《山水纯全集》中这段议论确是深刻地观察了我国各方的山貌而得其性情的确论。

140 无锡寄畅园八音涧的山谷涧壑

140

第二节
高广的大山

要堆掇高广的大山，在技术上不能全用石，需用土，或为土山或土山带石。因为既高而广的山，全用石，从工程上说过于浩大，从费用上说不太可能，从山的性情上说，块石垒垒，草木不生，未免荒凉枯寂。堆掇高广的大山，全用土，形势易落于平淡单调，往往要在适当地方叠掇点岩石，在山麓山腰散点山石，自然有崚嶒之势。或在山的一边筑峭壁悬崖以增高巉之势，或在山头理峰石，以增高峻之势……所以堆掇高广的大山总是土石相间。李渔在《闲情偶

141 北京景山全景。
贾珺提供

141

寄》中写道："以土代石之法，既减人工，又省物力，且有天然委曲之妙……垒高广之山，全用碎石则如百衲僧衣，求一无缝处而不得，此其所以不耐观也。以土间之，则可泯然无迹，且便于种树，树根盘固，与石比坚，且树大叶繁，混然一色，不辨其为谁石谁土……此法不论石多石少，亦不必定求土石相半。土多则是土山带石，石多则是石山带土，土石二物，原不相离。石山离土，则草木不生，是童山矣。"

例如北京景山的掇山，它主要用土堆叠形成，但在山麓、山腰以及山径多用叠石，使山势增加，可以说是土山带石141。北海的白塔山是高广的大山。前山部分，未山先麓，自然地势之崚嶒，缓升的山坡上，山石半露，好像从土中天然生出一般，而且布置得错落有致，好像天然生成的岩层一般，再上有一部分叠掇的山石和散点的山石，以壮山势以增秀气。后山部分可说是外石内土，堆石不露出土的石山。从揽翠轩而下，岩石叠掇的形势，俨然是沿断层上升的断层山

142 北京北海琼华岛北坡掇山，高处为承露盘。贾珺摄

142

崖之势。这里洞壑宛转，山径盘纡。或两崖之间路凹，夹径块石林立森然。或叠山洞曲折有致，忽又出至小庭，仰望峭壁逼于前，其势高危。转而到后山西部，真有峰峦崖岫，巉岩森耸的形势，不愧“云烟尽态”这4个字的题赞142。在后山的山麓部分，先是山崖险危，然后层石横列，好似横层天生一般。像北海白塔山后山部分这样规模的堆石不露土的掇山，工程耗费巨大，不是一般情况下力所能及的，但是它的局部构图和叠石的技巧还是可以学习的。

第三节
小山的堆叠

小山的堆叠和大山不同。当然这里所说的小山，是指掇山成景的小山，例如颐和园谐趣园中的掇山143，北海静心斋中的掇山144等。李渔在《闲情偶寄》中写道：“小山亦不可无土，但以石作主而土附之。土之不可胜石者，以石可壁立，而土则易崩，必仗石为藩篱故也。外石内土，此从来不易之法。”这就是说堆叠小山不宜全用土，因为土易崩，不能叠成峻峭壁立之势，尽为馒头山了。同时堆叠小山完全用石，也不相宜。从未有完全用石掇成石山，甚或全用太湖石的。李渔认为全石山“如百衲僧衣，求一无缝处而不得，此其所以不耐观也”。此是确论。大抵全石山，不易堆叠，手法稍低更易相形见绌。例如苏州狮子林的石山，在池的东、

143 北京颐和园谐趣园北部假山遗迹

144 北京北海静心斋山池，近景为沁泉廊，远处为枕峦亭。喜龙仁摄

143

144

南面，叠石为山，峰峦起伏，间以溪谷，本是绝好布局，但山上的叠石，在太湖石组上益以石笋，好像刀山剑树，彼此又不相连贯，甚或故意砌仿狮形，更不耐观。

一般地说，小山而欲形势具备，可用外石内土之法，即可有壁立处，有险峻处。同时外石内土之法也可防免冲刷而不致崩坍。这样，山形虽小，还是可以取势以布山形，可有峭壁悬崖、洞穴、涧壑，做到山林深意，全在匠心独运。《园冶·掇山篇》说得好：“方堆顽夯而起，渐以皴文而加，瘦漏生奇，玲珑安巧，峭壁贵于直立，悬崖使其后坚。岩峦洞穴之莫穷，涧壑坡矶之俨是，信足疑无别境。举头自有深情，蹊径盘且长，峰峦秀而古，多方景胜，咫尺山林。”例如北京北海静心斋的掇山，苏州环秀山庄和拙政园的掇山，都不愧是咫尺山林，多方景胜，意境情深。

计成认为小山的堆叠要“瘦漏生奇，玲珑安巧”。什么叫作透、瘦、漏？李渔在《闲情偶寄》的“山石第五”中写道：“此通于彼，彼通于此，若有道路可行，所谓透也。石上有眼，四面玲珑，所谓漏也。壁立当空，孤峙无倚，所谓瘦也。然透瘦二字，在在宜然，漏则不应太甚……偶然一见，始与石性相符。”但是这些论述，主要是就山石本身来说的。至于就小山的形势来说，不外要有峰峦起伏，有洞穴涧壑，有峭壁悬崖。

李渔还认为掇小山以理石壁较易取胜。他写道：“山之为地，非宽不可。壁则挺然直上，有如劲竹孤桐，斋头但有隙地，皆可为之。且山形曲折，取势为难，手笔稍庸，便贻大方之诮。壁则无他奇巧，其势有若累墙。但稍稍纡回出入之，其体嶙峋，仰观如削，便与穷崖绝壑无异。且山之与壁，其势相因，又可并行而不悖者，凡累石之家，正面为山，背面皆可做壁。匪特前斜后直，物理皆然……即山之本性，亦复如是，逶迤其前者，未有不崭绝其后，故峭壁之设，诚不可已。但壁后忌作平原，令人一览而尽，须有一物焉，蔽之使坐客仰观，不能穷其颠末，斯有万丈悬崖之势，而绝壁之名为不虚矣。蔽之者维何？曰：非亭即屋。或面壁而居，或负墙而立，但使目与檐齐，不见石丈人之脱巾露顶，则尽致矣。”[145]又写道：“石壁不定在山后，或左或右，无一不可，但取其地势相宜，或原有亭屋，而以此壁代照墙，亦甚便也。”

李渔擅长用土石相间的办法来点缀小山，而且有作品遗存。《履园丛话》载：“惠园在宣武门内西单牌楼郑亲王府（按：即现在教育部），引池叠石，饶有幽致，相传是园为国初（指清初）李笠翁手笔。”《鸿雪因缘图记》也记载牛排子胡同半亩园是李笠翁的手笔。李笠翁筑园的特色是“把小土山当作大山的余脉来布置，有如山水大局中剪裁一段，没有奇峰峭壁和宛转洞壑，不以玲珑取胜，只在平远绵衍的小土山上点缀些形体浑厚的石头，疏的密的，全都安顿有致”（这段引文见朱家溍《漫谈叠石》，载《文物参考资料》1957年第6期，第30页）。

145上海豫园黄石假山北部山谷峭壁

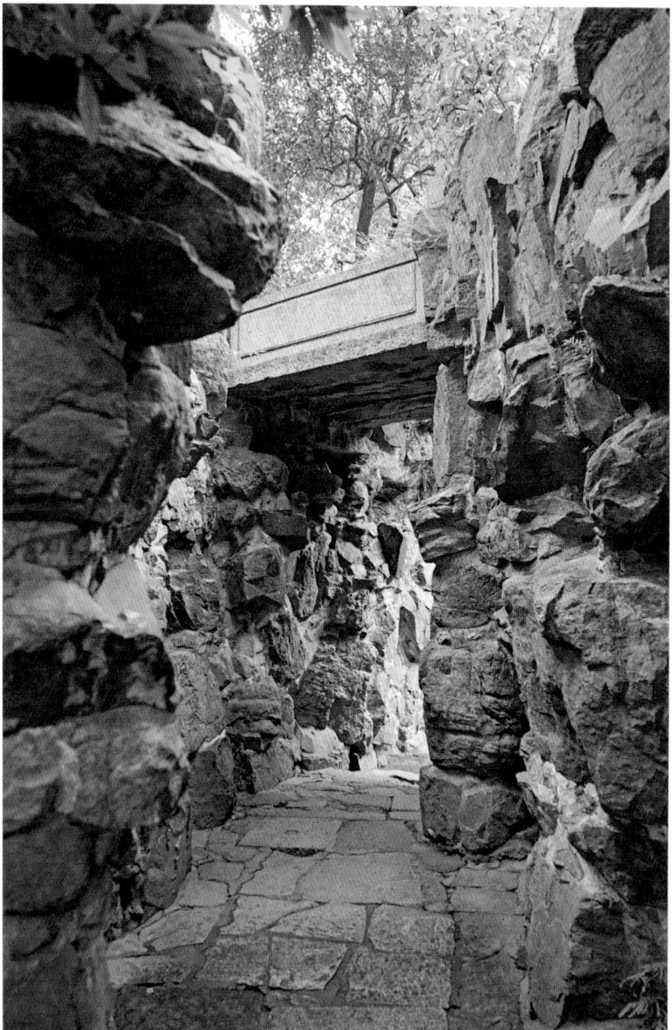

145

第四节
掇山小品

我国宅第的庭院里或宅园中虽仅数十平方米的面积也可掇山，但所掇的山只能称作小品（好比小品文）。计成在《园冶·掇山篇》中对于叠山小品，因简而易从，尤特致意。计成根据掇山小品的位置、地点或依傍的建筑物名称而分为多种。“园中掇山”就称园山，“而就厅前一壁楼面三峰而已，是以散漫理之，可得佳境也”。计成认为：“人皆厅前掇山（称厅山），环堵中耸起高高三峰，排列于前，殊为可笑，加之以亭，及登，一无可望，置之何益？更亦可笑。”这样塞满了厅前，成何比例，且又高又逼仄，成何体态。他的意见：不如“或有嘉树稍点玲珑石块。不然墙中嵌理壁岩，或顶植卉木垂萝，似有深境也”。例如北海画舫斋的古柯庭，就是依古槐稍点玲珑石块，自有深意的一例[146]。苏州园林中也都有这种特色，在庭院中疏疏落落布置几组叠置的太湖石，配合一些花草、修竹和大树。

或有依墙壁叠石掇山的可称“峭壁山”，“靠壁理也，借以粉壁为纸，以石为绘也。理者相石皴纹，仿古人笔意，植黄山松柏、古梅、美竹，收之圆窗，宛然镜游也”。这就是说选皴纹合宜的山石数块，散点或聚点在粉墙前，再配以松桩（好似生在黄山岩壁上的黄山松）、梅桩，岂不是一幅松石梅的画。以圆窗望之，画意深长，不必跋山涉水而可卧游[147]。

146 北京北海古柯庭唐槐与点石。贾珺提供

146

又例如颐和园乐寿堂西的扬仁风，在横池的东边依乐寿堂的西墙做峭壁山，既掩饰了砖墙，又和池边点缀的山石相呼应而有连续之势。称作“书房山”的跟厅山相似，只是掇山地点不在厅前而在书房前。《园冶·掇山篇》写道：“书房山，凡掇小山，或依嘉树卉木，聚散而理，或悬岩峻壁各有别致。书房中最宜者，更以山石为池，俯于窗下，似得濠濮间想。”更有“池山”。“池上理山，园中第一胜也，若大若小，更有妙境。就水点其步石，从巅架以飞梁，洞穴潜藏，穿岩径水，峰峦飘渺，漏月招云，莫言世上无仙，斯住世之瀛壶也。”苏州环秀山庄的掇山，所以称为池山杰作，正由于它能在小面积庭院中池上理山，山的东北部土多于石，西南部用太湖石叠掇，峥嵘峭拔；其间构成两个幽谷，一自南而北，一自西北走向东南，在中间相会，从巅架石为梁。其

147 扬州汪氏小苑可栖徲庭园的花石框景

148 苏州环秀山庄假山的洞壑桥涧

147

148

下池水狭曲，环续山的西南二面，一部分水伸入谷内，就水点步石。不愧洞穴潜藏，穿岩径水，峰峦缥缈，漏月招云之赞。不但如此，山石之间，植以垂藤萝，顶植枫柏，俨然城市山林的深境[148]。

第五节
峰峦山谷的堆叠

掇山和叠石虽然是两件事，然而在园林的地貌创作中往往是相互为用，不易分开。例如前面所说堆掇高广的大山不能全用石也不宜全用土而是土山带石，尤其峰峦洞壑崖壁等都需要用叠石来构成。堆掇小山虽然以叠石为主，但也不可无土，至少是外石内土。总之，掇山时无论是土山也好，或石山也好，或土石相间，或外石内土，或堆石不露土，或完全用叠石构山都离不开要运用叠石。前面我们已就大山或小山的总貌的构成立论，这里再叙述掇山方面有关峰峦等局部的叠石处理手法。

峰：掇山而要有凸起挺拔之势或则说峻峰之势，应选合乎峰态的山石来构成，山峰有主次之分，主峰应突出居于显著的位置，成为一山之主并有独特的属性。次峰也是一个较完整的顶峰，但无论在高度、体积或姿态等属性方面应次于主峰。一般地说，次峰的摆布常同主峰隔山相望，对峙而立[149]。

拟峰的石块可以是单块形成，也可以多块叠掇而成。作

149 扬州何园片石山房假山，主峰、次峰高低呼应

149

为主峰的峰石应当从四面看都是完美的。若不能获得合意的峰石，比如说有一面不够完整时，可在这一面拼接，以全其峰势。峰石的选用和堆叠必须与整个山形相协调，大小比例确当。若做巍峨而陡峭的山形，峰态尖削，叠石宜竖，上小下大，挺拔而立，通称作剑立式；若做宽广而敦厚的中高山形，峰态鼓包而成圆形山峦，叠石依玲珑而垒，可称垒立式；或像地垒那样顶部平坦叠石宜用横纹条石层叠，可称层叠式；若做更低而坡缓的山形，往往没有山脊或很少看出山脊，只能有半埋的石块好像残存下来的岩石露头。为了突出起见，对于这种很少看到山脊、较单调的山形有用横纹条石参差层叠，可称作云片式并可有出挑。

掇山而仿倾斜岩脉，峰态倾劈，叠石宜用条石斜插，通称劈立式。掇山而仿层状岩脉150，除云片式叠石外，还可采

150 涿州行宫假山立面图，展示了层岩的横向纹理。曹汛绘

150

用块石竖叠上大下小，立之可观，可称作斧立式。掇山而仿风化岩脉，这种类型的峰峦岭脊上有经风化后残存物，常见的凸起的小型地形有石塔、石柱、石钻、石蘑菇等。石塔、石柱、石蘑菇可选合态的块石或多块拼接叠成，取其意不求其形似。计成在《园冶》里所写："或峰石两块三块拼掇，亦宜上大下小，似有飞舞势，或数块成，亦如前式。"仿石灰岩风成石柱，或花岗岩石柱又称笔尖岩，也可采用石笋或剑石来叠掇。

上述这种小型凸起的地形可以独立存在，也可和大型凸起地形的峰峦岭脊联系成一片，后者的情况下就较复杂，式样也繁多。独立存在的可以用单块或并接合成的巨石来模拟。不是独立存在的也就是说峰石不是一个而是多个成为群体，除了拟峰的主石外，还有陪衬的配石。一般地说，主石不宜居中，常偏侧靠后。这样摆布易于使峰势有前后层次和左右起伏之势，同时也易于使主石突出而有动态之势。所谓配石就是配备在主石的周侧，高低参差，承上趋下，错落而安，来陪衬主石之势。

配石的手法是根据主石的形态及对峰势的要求而定。例

151 明代张宏《止园图》之飞云峰，石山上耸立两峰，构成蟹螯状。柏林东方美术馆藏

151

如峰态剑立，主石上小下大，就可运用石形剑立，但体小的石块，参差配立周侧来增强主石的峻峭之势。这种手法在传统上叫作配剑。主石剑立，但体形较敦厚的，可用方厚的石块墩在主石偏侧来加强敦厚的峰势，这种手法在传统上叫作配墩。主石剑立但其岩基较平坦，可用条状顽夯之石平卧在主石下，以竖和横的对比手法来增强峻拔之势，这种手法在传统上叫配卧。此外，斧立式、劈立式都可以用相同体形的配石来增强峰势。如果拟峰的主石是垒立式、层叠式，或有出挑，配石也应采取垒立状、层叠状或有出挑的叠石，但体形较小151。

配石可以只有一个，在传统上叫作单配。单配时应贴近主石的一侧，单配的石块，从体形上说通常为主石的高度或体积的三分之一、三分之二或五分之三。配石也可以有

152 苏州狮子林假山上的峰石，呈群狮林立之象。喜龙仁摄

152

两个，在传统上叫作双配。这时，这两个配石的体形虽较主石为小，但二者本身之间常一高一低、一大一小，而且不等距地配立在主石的周侧。无论是单配和双配，配石的位置应避免同主石位在一条线上，或配石的正面和体形同主石相平行，这在传统上叫作切忌“顺势”。应避免把配石位在主石的正前而遮挡峰面，这在传统上叫作忌“景”，也应避免把配石位在主石的后背，这在传统上叫作忌“背”。

配石也可以有两个以上，这在传统上叫作多配 152 。采用多配方式时，更应注意其相互间的位置，间距的安排。多配的各个配石切忌排成一条线而成笔状，也忌由低而高成阶梯状，或中间高两端低而成笔架式。多配的各个配石之间的

间距切忌等距，各个配石的安置应当有前有后，错落有致，有连有拒，若断若续，有依有舍，聚散相间，嵌三聚五，疏密相间。就这个群体来说，应避免单薄的排列而力求有层次，要有隐有显，造成峰势宛回而有深远之感。同时相互之间避免角度一致，要因势而配，一呼一应，多样统一。

峰顶峦岭本不可分，所谓“尖曰峰，平曰顶，圆曰峦，相连曰岭”（宋韩拙《山水纯全集》）。从形势来说，“岭有平夷之势，峰有峻峭之势，峦有圆浑之势”（清唐岱《绘事发微》）。峰峦连延，但“不可齐，亦不可笔架式，或高或低，随致乱掇，不排比为妙”（计成《园冶·掇山篇》）。

悬崖峭壁：两山壁立，峭峙千仞，下临绝壑的石壁叫作悬崖；山谷两旁峙立着的高峻石壁，叫作峭壁。在园林中怎样创作悬崖峭壁呢？关于理悬崖的方法，计成在《园冶》里写道：“如理悬岩，起脚宜小，渐理渐大，及高，使其后坚能悬。斯理法古来罕有，如悬一石，又悬一石，再之不能也。予以平衡法，将前悬分散后坚，仍以长条堑里石压之，能悬数尺。其状可骇，万无一失。”这里道破了理悬崖必须注意叠石的后坚，就是要使重心回落到山岩的脚下，否则有前沉塌陷的危险。立壁当空谓之峭。峭壁常以页岩、板岩，贴山而垒，层叠而上，形成峭削高峻之势。

理山谷是掇山中创作深幽意境的重要手法之一。尤其立于平地的掇山，为了使意境深幽，达到山谷隐隐现现，谷内宛转曲折，有峰回路转又一景的效果，必须理山谷。园林上

153 无锡寄畅园八音洞的崖壁山谷

153

有所谓错断山口的创作。错断和正断恰恰相反。正断的意思是指山谷直伸，可一眼望穿，错断山口是指在平面上曲折宛转，在立面上高低参差左右错落，路转景回那样引人入胜的立局153。

第六节
洞府的构叠

李渔在《闲情偶寄》里写道："假山无论大小，其中皆可做洞。" 计成在《园冶·掇山篇》写道："峰虚五老，池凿四方，下洞上台，东亭西榭。" 这表明堆叠假山时，可先叠山洞然后堆土成山，其上又可作台以及亭榭。小型的洞府例如避暑山庄烟雨楼西侧的假山石洞，上有一亭，文津阁前的假

154 承德避暑山庄文津阁南侧假山石洞

154

山石洞，上为月台154；较大型的洞府例如颐和园佛香阁两旁的山洞顺山势而下穿（反过来说，拾级转折而上），中途有多个通上的出口，出口处有亭阁。北海琼华岛后山的石洞，顺着山势穿行其中，更是蜿蜒深邃，盘曲有致。

在自然界，大多数山洞是地下水溶解岩石的结果，在喀斯特地区洞穴尤其丰富。当然岩洞不限于喀斯特地形，只是在其他不易溶蚀的岩石地形中洞穴少见罢了。喀斯特地区山里的山洞很少是孤立的，大多数是成带的。山洞的起点常在山坡或山沟中高于谷底地方的一个或宽或窄的洞孔，往往生在陡峭巉崖之中。进了洞孔可以立即进入第一个宽广的大洞，或经一上一下通过狭窄和弯曲的通道才来到大厅样的大洞。再进有大小不等形状像楼阁厅堂的宽广的洞，由狭小的像胡同样或暗廊般的通道互相沟通。这些大厅和通道系统或分布在同一水平上，或倾斜到某个方面，或成多层的阶级。有时整个山洞是一片错综复杂的迷宫样的山洞构成，总长甚至有一二百公里以上，或从进口到尽头的直距达几公里到10多公里。石灰岩地区山洞的大洞里有坚硬的滴凝石，即由顶棚从上而下逐渐发展形成的钟乳石和滴落在底部凝聚而成的石笋。如果在发育中一个个连接起来便成为钟乳石和石笋的群体。这些石乳凝成的物状，往往奇姿百出并呈现出无数奇景，例如我国广西桂林的七星岩，全长三里多，其中石洞可分六洞天、两洞府能容万人，是我国著称的最大最奇的岩洞之一。它有两个入口、两个出口，入口由第一洞天分路，左入大岩，右入支岩，同会于第二洞天的“须弥山”下，出口在第三洞天的“花果山”下，分为两路，右经“王溪洞府”后右出马坪街，左入大岩经“群仙洞府”，上“天梯”出至七星岩后山。各个洞天洞府里，石乳凝成各种奇异物状，古来根据各个不同的奇异形象给予各种景名（上述引号中都是景名），有的还和神话传说相结合[155]。

喀斯特地区的有些山洞，现在还有隐河淌着，另一些山洞保存着大小不等的隐湖，这些隐湖是由个别山洞底部汇集起来的静水造成的。广西阳朔的“冠岩”（岩洞的名称），岩门很高，入口内部开朗，右侧有石级，可以曲折登一平台，俨然是一座大石屋，洞顶遍悬各种奇形怪状并带有彩色的钟乳石。再往里有一条清溪，可乘小艇而入，内洞有一线长窄的天光从山顶射下，故又名“光岩”，下有沙渚和潺潺

155 南京瞻园南部假山，人工堆叠出天然的钟乳石洞

155

流水，不知源头何处。在江南著称的石灰岩洞，如宜兴的张公洞也有隐湖，需卧躺小艇而入。

园林中的掇山构洞，除了像上述北海、颐和园顺山势穿下曲折有致的复杂山洞外，有时创作不能穿行的单口洞，单口洞有的较宽好似一间堂屋，也可能仅是静壁垒落的浅洞，李渔在《闲情偶寄》里写道："作洞。洞亦不必求宽，宽则借以坐人。如其太小，不能容膝，则以他屋联之，屋中亦置小石数块，与此洞若断若连，是使屋与洞混而为一，虽居屋中，与坐洞中无异矣。"156

关于理山洞的做法，计成在《园冶》里写道："理洞法，起脚如造屋，立几柱著实，掇玲珑如窗门透亮，及理上，见前理岩法，合凑收顶，加条石替之，斯千古不朽也。洞宽丈余，可设集者，自古鲜矣！上或堆土植树，或作台，或置亭

156 苏州环秀山庄假山，从山间望问泉亭

156

屋，合宜可也。”这里可看出计成对理洞工程的着意。前面提到他对于掇山工程就极重视基础工程，“掇山之始，桩木为先……立根铺以粗石，大块满盖桩头”，理洞的洞基又未尝不是如此。关于洞基两边的基石，要疏密相间，前后错落而安。在这基础上再理上时，“起脚如造屋，立几柱著实”，但理洞的石柱，可不能像造屋的房柱那样上下整齐，而应有凹有凸，参差上叠。在弯道曲折地方的洞壁部分，可选用玲珑透石，如窗户能起采光和通风作用，也可以采用从洞顶部分透光，好似天然景区的所谓“一线天”。及理上，合凑收顶，可以是一块过梁受力，在传统上叫单梁；也可以双梁受力，就有双梁或丁字梁的叫法；也可以三梁受力，通称三角梁；也可以多梁而构成大洞的，就称复梁。洞顶的过梁切忌平板，要使人不觉其为梁而是好似山洞的整个岩石的一部分。为此过梁石的堆叠要巧用巧安。传统的工程做法上为了稳住梁身，并破梁上的平板，在梁上内侧要用山石压之，使其后坚。过梁不要仅用单块横跨在柱上，在洞柱两侧应有辅助叠石作为支撑，既可支承洞柱不致因压梁而歪倒，又可包镶洞柱，自然而不落于呆板[157]。

从山洞的纵长的构叠来说，先是洞口，洞口宜自然，其脸面应加包镶，既起固着美观作用，又和整个叠石浑然一体，洞内空间或宽或窄，或凸或凹，或高或矮，或敞或促，随势而理。洞内通道不宜在同一水平面上而宜忽上忽下，跌落处或用踏阶，或用礓礤，通道不宜直穿而曲折有致，在

157 南京瞻园北部假山

157

弯道的地方，要内收外放成扇形。山洞通道达一定距离或分岔道口地方，其空间应突然高起并较宽大，也就是说，这里要设“凌空藻井”，如同建筑上有藻井一般。

第七节
理石的方式

中国园林中，对于岩石这一材料的运用，不仅用以叠石、掇山、构山洞，而且采取点石置石的方式，使之成为园林中构景的因素之一，如同植物题材一样。点石、置石的运用只要安置有情，就能点石成景，置石成形，别有一番风味，此外，楼阁亭台的基础用石，盘道、蹬级、步石、铺地等用石，所有这些运用岩石的方式我们统称为理石。在运用

158明代孙克弘《长林石几图》，以磐石为几案，摆设古玩书籍。旧金山亚洲美术馆藏

158

岩石点缀成景加以欣赏时，一块固可，二三块亦可，八九块也可。其次，在运用岩石作为崇台楼阁基础的堆石时，既要达到工程上的功能要求，又要满足艺术要求，因此，这类基础工程的叠石也是园林艺术上理石方式之一。此外，在园林中还利用岩石来筑建盘道、蹬级、跋径，铺设路面等。这类工程也都是既要完成功能要求又要达到艺术要求的特殊理石方式。至于利用岩石作园林中天然用具如天然石桌石凳等，“名虽石也，而实则器矣”。158

理石的方式众多，其手法也随之而异，归纳起来可分为三类：第一类是点石成景为主的理石方式，其手法有单点、聚点和散点。第二类理石方式虽然也同样以构景为主，但和前者的区别是通常不用单块石而是用多块岩石堆叠成一座立体结构的、完成一定形象的堆石形体159。这类堆石形体常用作局部的构图中心或用在屋旁、道边、池畔、水

159苏州狮子林九狮峰叠石，背后为『琴棋书画』四题漏窗。刘珊珊摄

159

际、墙下、坡上、山顶、树底等适当地点来构景。在手法上主要是完成一定的形象并保证它坚固耐久。据“山石张”的祖传：在体形的表现上有两种形式，一称堆秀式，一称流云式；在叠石的手法上有挑、飘、透、挎、连、悬、垂、斗、卡、剑十大手法；在叠石结构上有安、连、接、斗、跨、拼、悬、卡、钉、垂十个字。第三类理石，首要着重工程作法尤其是作为崇台楼阁的基础，但同时要完成艺术的要求。至于盘道、蹬级、步石、铺地等不仅要力求自然，要随势而安，而且要多样变化不落呆板。

第八节
点石手法

由于某个单个石块的姿态突出，或玲珑或奇特，立之可观时，就特意摆在一定的地点作为一个小景或局部的一个构图中心来处理。这种理石方式在传统上称作“单点”。块石的单点，主要摆在正对大门的广场上，门内前庭中或别院中。例如颐和园的仁寿殿前的庭中有多座独立的石块，乐寿堂院中有一座特大的石块叫青芝岫，排云门廊前左右排列着12块衙石，石丈亭的院中也有一座独立的石块。这些在庭中、院中单点的石块，常有基座承受。座式可以有多种，或用白石雕成须弥座，或用砖石砌座外抹白灰。一般地说，座式以平正简单为宜，细工雕琢不是必要的，因为主体是座上立之可观的石块。上述颐和园中几处庭中、院中的独立石块的安置好似安设雕塑像座的处理一般，但一则是自然产品，一则是艺术作品160。

块石的单点不限于庭中、院中，就是园地里也可独立石块的单点。不过在后者的情况下，一般不宜有座，而直接立在园地里（当然要使块石入土牢固，必要时埋入土中的部分可凿笋眼穿横杠），如同原生的一般，才显得有根。园地里的单点要随势而安，或在路径有弯曲的地方的一边，或在小径的尽头，或在嘉树之下，或在空旷处中心地点，或在苑路交叉点上。单点的石块应具有突出的姿态，或特别的体形

160 北京颐和园乐寿堂前的青芝岫，下为石雕基座。楼庆西摄

160

表现161。古人要求或“透”或“漏”或“瘦”或“皱”，甚至“丑”。但是追求奇形怪状，认为越丑怪越能吸引人的癖好是完全不足取的。

另一种点石手法是在特定的情况下，摆石不止一块而是两三块、五六块、八九块成组地摆列在一起作为一个群体来表现，我们称之为“聚点”。聚点的石块要大小不一，体形不同，点石时切忌排列成行或对称。聚点的手法要重气势，关键在一个“活”字。我国画石中所谓“嵌三聚五”，“大间小、小间大”等方法跟聚点相仿佛。总的来说，聚点的石块要相近不相切，要大小不等，疏密相间，要错前落后，左右呼应，要高低不一，错综结合。聚点手法的运用是

161 江南四大奇石之瑞云峰，以透为美，在今苏州第十中学

162 江南四大奇石之玉玲珑，以漏为美，在上海豫园

161

162

较广的，前述峰石的配列就是聚点手法运用之一。而且这类峰石的配列不限于掇山的峰顶部分。就是在园地里特定地点例如墙前、树下等也可运用。墙前尤其是粉墙前聚点岩石数块、缀以花草竹木，也就是以粉墙为纸，以石和花卉为绘也[162]。嘉树下聚点玲珑石数块，可破平板，同时也就是以对比手法衬托出树姿的高伟。此外，在建筑物或庭院的角隅部分也常用聚点块石的手法来配饰，这在传统上叫作“抱角”。例如避暑山庄、北海等园林中，下构山洞上为亭台的情况下，往往在叠石的顶层，根据亭式（四方或六角或八角）在角隅聚点玲珑石来加强角势，或在榭式亭以及敞阁的四周的隅角，每隅都聚点有组石或堆石形体来加强形势，例如颐和园的“意迟云在”和“湖山真意”等处。在墙隅、基角或庭院角隅的空白处，聚点块石二三，就能破平板得动势而活。例如北海道宁斋后背墙隅等等，这种例子是很多的。此外，在传统上称作“蹲配”的点石也属于聚点。例如在垂花门前，常用体形大小不同的块石或成组石相对而列。更常用的是在山径两旁，尤其是蹬道的石阶两旁，相对而列。这种蹲配的运用，如能相其形势巧妙运用，就能达到一定的艺术效果。如果过分滥用，常形成矫揉造作和呆板的弊病。

又一种点石手法，统称作“散点”。所谓散点并非零乱散漫任意点摆、没有章法的意思，乃是一系列若断若续，看起来好像散乱，实则相连贯而成为一个群体的表现。总之，散点的石，彼此之间必须相互有联系和呼应而成为一个群体，散点处理无定式，应根据局部艺术要求和功能要求，就地相其形势来散点。散点的运用最为广大，在掇山的山根、山坡、山头，在池畔水际，在溪涧河流中（还可造成急湍），在林下，在花径中，在路旁径缘都可以散点而得到意趣[163]。散点的方式十分丰富，主取平面之势。例如山根部分常以岩石横卧半含土中，然后又有或大或小或竖或横的块石散点直到平坦的山麓，仿佛山岩余脉或滚下留住的散石。山坡部分若断若续的点石更应相势散点，力求自然。山坡上一定地点安石还应为种植和保土创造条件。土山的山顶，不宜叠石峻拔，就可散点山石，好似强烈风化过程后残存的较坚固的岩石。为了使邻近建筑物的掇山叠石能够和建筑连成一体，也常采用在两者之间散点一系列山石的手法，好似一根链子般贯连起来。尤其是建筑的角隅有抱角时，散点一系列山石更可使嶙峋的园地和建筑之间有了中介而联结成一体。不但如此，就是叠石和树丛之间，或建筑物和树丛之间也都可用散点手法来过渡。总之，散点无定式，随势随形而点，全在主者。

第九节
堆石形体

堆叠多块石构造一座完整的形体，既要创作一定的艺术形象，在叠石技法上又要恰到好处，不露斧琢之痕，不显人工之作。历来堆石肖仿狮、虎、龙、龟等形体的，往往画

163北海湖石假山，沿路散点。张蔚东摄

164苏州留园五峰仙馆南侧湖石假山，象征庐山五老峰

163

164

虎不成反类犬，实不足取。堆石形体的创作表现无定式，重要的在于“源石之生，辨石之态，识石之灵”来堆叠，主取立面之势。这就是说要根据石性，即各个石块的阴阳向背，纹理脉络，要就其石形石质堆叠来完成一定的形象，使形体的表现恰到好处。总之堆石形体既不是为了仿狮虎之形而叠，也不是为了峻峭挺拔或奇形古怪而作，它应有一定的主题表现，同时相地相势而创作[164]。

堆石形体的叠法，计成写道：“方堆顽夯而起，渐以皴文而加”（《园冶·掇山篇》）。李渔在《闲情偶寄》中写道：“石纹石色，取其相同。如粗纹与粗纹，当并一处，细纹与细纹，宜在一方。紫碧青红各以类聚是也。……至于石性，则不可不依，拂其性而用之，非止不耐观，且难持久。石性维何，斜正纵横之理路是也。”堆石形体在艺术造型上习用手法，据“山石张”祖传口述还有十大手法，即挑、飘、透、挎、连、悬、垂、斗、卡、剑是也[165]。

挑：多石相叠，下小上大，顶石向一面或两侧平面飞出或稍向上翘，悬空而造成飞舞招展之势，常称为“挑”或“出挑”。出挑的样式很多，有单挑、重挑、担挑、伸挑之分。出挑的部分俗称“挑头”。由于挑头稍向上仰，前口呈上斜悬空才显飞舞招展之势，挑石宜求其渐薄。挑石以横纹取胜，用石不得有纵纹，否则挑头易断落。挑石的后部必有石压之使其后坚。

飘：挑头置石称作“飘”，目的在破挑头的平淡。飘的

连

接

剑

斗

拼

垂

挎

悬

撑

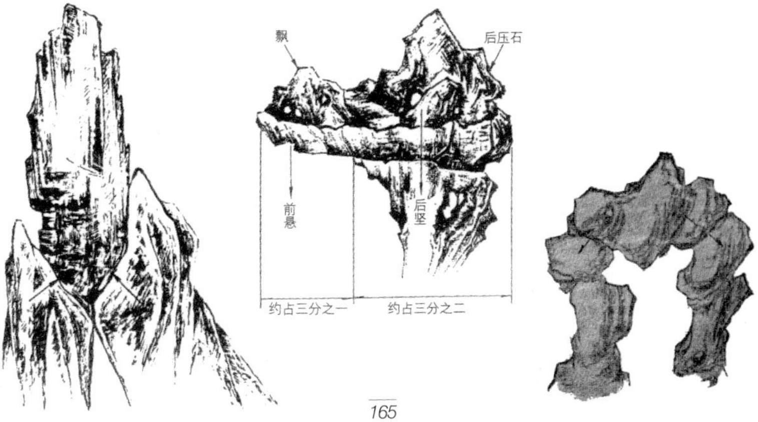

165

165『山石张』堆石手法

式样有单飘、双飘，有压飘、过梁飘之分。飘石的石性即其纹理色泽必须与挑头相同或相协调。飘石运用恰当时，更能增加挑的动势，仿佛如云飘一般。

透：叠石架空，留有环洞，常称作“透”，李渔在《闲情偶寄》中写道：“此通于彼，彼通于此……所谓透也。”石块架叠，留有环洞。所谓“环”就是叠石相接形成像洞门般，或有意仿山岩缺落凹陷的小口者。流云式堆石形体的特点，在于环透遍体，来显示轻盈，但须知巧用巧安，错落而叠，使各透口的形状不同，转向不一，大小不等，位置不匀，即所谓透口必破，方为至境。

挎：顶石旁侧外悬似壁而挂石，常称作“挎”，这样可以增强堆石形体的凌空之势。这种外悬而挂的“挎”跟“悬”和“垂”是有区别的，挎并不直下悬垂，往往是斜出的挂石。

连：用长石相搭接或左右安石延伸开去形成环透都称作

“连”。要知透的变化全看连石如何。连石求其高低错落使环洞的方向不一，大小不等，间距不均，就能生巧。

悬和垂：悬和垂都是直下凌空的挂石，但正挂为“悬”，侧挂为“垂”。悬和垂的做法也是变化多端，全在匠心独运。

斗和卡：叠石成拱状腾空而立常称作“斗”。要达到形体环透，也常用斗法。斗的做法也是很多的，或叠石只有一层和一面腾空，或有一层以上的立体腾空，有时一块独立的石块，由于石形有缺憾，可用斗法来弥补独立石块形象的不足，使姿态更完美，同时也使立石更稳固。“卡”在堆石形体上起支撑体的作用，稳其左右。但卡石恰当又起艺术上效果。有时也为了使主石和配石连贯起来而在其间用卡石。

剑：在叠石当中凡以竖向取胜的立石都称作剑。堆秀式的峰石，下大上小，峻拔而立，称作剑立，或上大下小的斧立，都可统属于剑的手法。就是流云式中，用湖石作嵌空突兀宛转之势加以迭落而上大下小增强动势也属于剑的手法。

在叠石构成一座完整的堆石形体时，或挑或飘，或连或环或透，或挎或悬或垂，或斗或卡或剑并不截然分划开来，也就是说在同一形体的堆叠中并不绝然只用一种手法，而是根据主题要求，辨石之性，综合运用各种手法[166]。

采取堆石形体来创景时，在手法上切忌呆板或凌乱，尤其是安置在建筑物的正面或四周的堆石形体。举例来说，北京西郊动物园内“畅春堂”的前后左右围列有连接起来的堆石形体，好似一道透空的短墙一般，用意未尝不好，但由

166 如皋水绘园西岸涩浪坡叠山

166

于大部分的堆叠呆板，缺少真趣。或有不全相连而半抱建筑成为半环式的外围物，例如颐和园“湖山真意”亭的北背和西边的堆石形体，其用意在起障景作用，但由于堆叠的手法呆板，显得矫揉造作，而且跟周遭形势不相协调。

据“山石张”祖传口述，堆石形体的表现有“堆秀式”和“流云式”。堆秀式的堆石形体常用丰厚积重的石块和玲珑湖石堆叠，形成体态浑厚稳重的真实地反映自然构成的山体或剪裁山体的一段。前述拟峰的堆叠中有用多块石拼叠而成峰者可有堆秀峰（即堆秀式）和流云峰（即流云式）。掇山小品的厅山、峭壁山、悬崖环断等都运用堆秀式叠法。

流云式的堆石形体以体态轻飘灵巧为特色，重视透漏生奇，叠石力求悬立飞舞，用石（主为青石、黄石）以横纹取胜。据称这种形式在很大程度以天空云彩的变化为创作源泉。

167 北京恭王府萃锦园青石门洞。喜龙仁摄

167

但流云式的演变到后来落于抽象和单纯追求形式的泥沼。

朱家溍在《漫谈叠石》一文中写道："完全不顾形势和纹理，虽然用的是好的玲珑石，而横一块竖一块的乱堆，并且石与石之间只有很少一点面积彼此衔接着，可能作者的意图是故意出奇，但是每块石头都显着没根而又凌乱，很像北京的糖食类的花生粘形状，这种花生粘式的湖石假山，是近几十年一种风格，还有一种用青石堆的……是用直纹的青石架着横纹的青石，很规则地摆起来，摆出很多整齐的长方孔，上面可以放花盆，有些像商店的货架，又很像北京饽饽铺卖的蜜供，这种蜜供式的青石假山也是近几十年的一种风格。"（以上引文见《文物参考资料》1957年

第6期，第29页）167当然这种不顾形势和纹理，呆板成定式的堆叠是不足取，也是我们所反对的。同样是堆叠形体，安置在什么地方，什么形势如何布局，大有讲究，形体的构思，叠石的手法就大有高低好坏之分。我们应当继承优秀的传统手法并根据创景和主题的要求来堆叠，创造性地运用叠石技巧，才能发扬并发展叠石的优秀传统。

第十节
基础和园路理石

有时为了远眺，为了借景园外而建层楼敞阁亭榭，宜在高处。于是叠小山（楼山、阁山）作为崇台基础而建楼阁亭榭于其上或其前或其侧。《园冶·掇山篇》中写道：“楼面掇山，宜最高才入妙，高者恐逼于前，不若远之，更有深意。”对于阁山，计成认为：“阁，皆四敞也，宜于山侧，坦而可上，便以登眺，何必梯之。”这种例子也是很多的。例如北海“静心斋”的“叠翠楼”就位于叠石掇山的假山侧，楼中并不设楼梯，利用楼前假山的叠石自然成梯级，要登楼远眺时就从楼外岩梯上楼。热河避暑山庄的“烟波致爽”楼，苏州沧浪亭后园的“看山楼”，拙政园的“见山楼”等都是168。此外，从假山或高地飞下的爬山廊、跨谷的复道、墙廊等，在廊基的两侧也必有理石，或运用点石手法和基石相结合，既满足工程上要求又达到艺术上效果。渡山涧的小

168 苏州拙政园见山楼叠石梯级。黄晓摄

168

桥，伸入山石池的曲桥等，在桥基以及桥身前后也常运用各种理石方式，它们使与周遭的环境相协调，形势相关联。

园路的修建不只是用石，这里仅就园林里用石的铺地、砌路、山径、盘道、蹬级、步石和路旁理石的传统做法简述如下。计成在《园冶 · 铺地篇》中写道："如路径盘蹊，长砌多般乱石。"又说，"园林砌路，惟小乱石砌如榴子者，坚固而雅致，曲折高卑，从山摄壑，惟斯如一"，称乱石地。又说："鹅子石，宜铺于不常走处，大小间砌者佳，恐匠之不能也"，称鹅子地。"乱青版石，斗冰裂纹，宜于山堂、水坡、台端、亭际"，称冰裂地。以上这几种园路铺地的处理，可相地合宜而用169。有时，通到某一建筑物的路径不是定形的曲径而是在假定路线的两旁散点和聚点有石块，离径或近或远，有大有小，有竖有横，若断若续的石块，一直摆列到建筑的阶前。

169 江南园林中的各类铺地

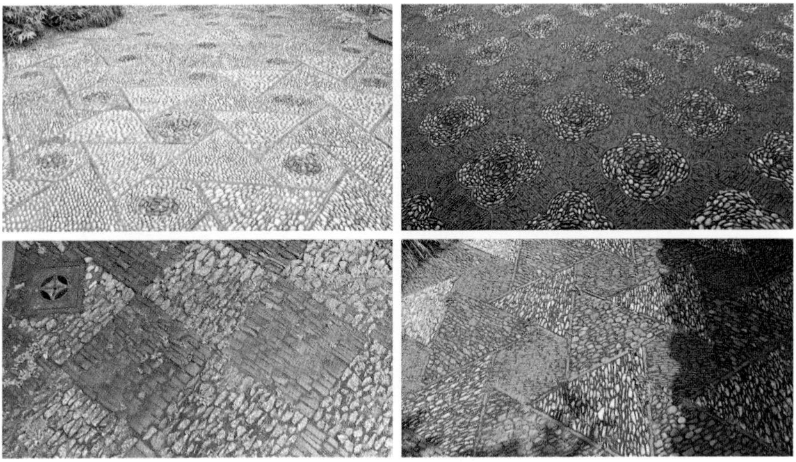

169

这样，就成为从曲径起点导引到建筑前的一条无形的但有范围的路线。有时必须穿过园地到达建筑，但又避免用园路而使园地分半，就采用隔一定踱距安步石的方式。如果步石是经过草地的，可称跋石（在草地行走古人称“跋”）。

假山的坡度较缓时山路可盘绕而上，或虽峭陡但可循等高线盘桓而上的路径，通称盘道。盘道也可采用不定形的方式，在假定路线的两旁散点石块，好似自然而然地在山石间踏走出来的山径一般。这样一种山径颇有掩映自然之趣。如果坡度较陡，又有直上必要，或稍曲折而上，都必须设蹬级[170]。山径、盘道的蹬级可用长石或条石。安石以平坦的一面朝上，前口以斜坡状为宜，每级用石一块可，或两块拼用亦可，但拼口避免居中，而且上下拼口不宜顺重，也就是说要以大小石块拼用，才能错落有致。在弯道地方力求内收处放成扇面

170 北京颐和园后山云会寺蹬道

170

状，在高度突升地方的蹬级，可在它两旁用体形大小不同的石块相对剑立，即称作蹲配的点石。这蹲配不仅可强调突高之势，也起扶手作用，同时有挡土防冲刷的作用。有时崇台前或山头临斜坡的边缘上，或是山上横径临下的一边，往往点有一行列石块，好似用植物材料构成的植篱一样。这种排成行列的点石也起挡土防冲刷的作用。但在运用上切忌整齐呆板，也就是说这些列石要大小不等，疏密相间。

第十一节
选石

无论是掇山叠石或各种理石，都需要用石。用石不一定非太湖石不可，计成在《园冶·选石篇》中说得好："好事只知花石"，未免囿于成见。"夫太湖石者，自古至今，好事采多，似鲜矣。如别山有未开取者，择其透漏、青骨、坚质采之，未尝亚太湖也。"事实上，称湖石并不限太湖水崖因风浪冲激而成的穿眼通透的玲珑湖石，沿大江有石灰岩岸地区皆产湖石，例如采石矶、湖口等。就是山地的石灰岩，经过水的溶解作用而成多孔质、或地衣藓苔等侵蚀而有纹理的石灰岩，习惯上称象皮石、黄石等类未尝亚太湖也[171]。北京地区的房山、平谷以及河北的唐山就产这类用石。山产石灰岩"有露土者，有半埋者，也有透漏纹理如太湖者"，也有"色纹古拙无漏宜单点"者，石灰岩洞中钟乳石，有"性坚穿眼险怪如太湖者"，也有"色白而质嫩者，掇山不可悬，恐不坚也"，可掇小景。也有以石笋作剑石用（不限石笋）[172]。

掇山叠石的用石，当然不限于太湖石、象皮石、黄石等石灰岩类，计成在《园冶·选石篇》前言中就说："是石堪堆，便山可采。石非草木，采后复生。"在篇末又说："夫葺园圃假山，处处有好事，处处有石块，但不得其人。欲询出石之所，到地有山，似当有石，虽不得巧妙者，随其顽夯，但有文理可也……何处无石。"以岩石学的岩山分类来说，

171 苏州耦园的黄石假山

172 苏州狮子林燕誉堂前湖石笋石小景

171

172

173 青州偶园青石假山

173

属火成岩的花岗岩各类，正长岩类、闪长岩类、辉长岩类、玄武岩类，属层积岩的砂岩、有机石灰岩，以及属变质岩的片麻岩、石英岩等都可选用。

“是石堪堆，便山可采”是就石的来源而说的，至于具体堆叠时还应“源石之生，辨石之态，识石之灵”，也就是说，选用石时要根据地质构造的岩石成因，即地质学上岩石产生状态来用石。地质上岩石产生状态确有显著的区别存在，有的位置多倾斜而成不规则的块状、脉状，有的位置近水中而成层状、板状，又有多少成层状或片状但不全这样，或多少又经变化。用多种岩石时，应当把石头分类选出，地质上产生状态相类生在一起的才可在叠石时合在一起使用，或状貌、质地、颜色相类协调的才适合在一起使用173。有的石块“堪用层堆”，有的石块“只宜单点”，有的石块宜作峰石或“插立可观”，有的石头“可掇小景”，都应依其石性而用。至于作为基石、中层的用石，必须满足叠石结构工程的要求，如质坚承重、质韧受压等。

石色不一，常有青、白、黄、灰、紫、红等。叠石中必须色调统一，而且要和周围环境调和。石纹有横有竖，有核桃纹多皱，有纹理纵横，笼络起隐，面多坳坎，有石理如刷丝，有纹如画松皮。叠石中要求石与石之间的纹理相顺，脉络相连，体势相称。石面有阴阳向背。最后，有的用石还稍加斧琢，“石在土中，随其大小具体而生，或成物状，或成峰峦……须借斧凿，修治磨砻，以全其美，或一面或三四面全者，即是从土中生起，凡数百之中无一二”。

第四章 理水

第一节 理水总说

中国山水园中，水的处理往往是跟掇山不可分的。前面说过，掇山必同时理水，所谓“山脉之通，按其水径；水道之达，理其山形”。在自然界，山区的天然降水有一部分蒸发，一部分渗透到土石下面，然后细水长流成为山溪山涧的水源（凡是有溪水的山谷，习惯上称作峪）；一部分形成径流，顺坡而下山谷，成为只有雨时才有水的山涧水源。山涧的水又因地形地势而可转成为其他形式，例如“众水汇而成潭”，“两崖迫而成瀑”。有时由于特殊地质构造，山涧也可汇成涝，古称天池天湖。例如长白山的天池是属于熔岩湖的成因；也有属于水迹湖成因的天湖。涧水出山出峡就成为江河，并在它冲积成的平原上奔流。江河奔流入海，但也有汇注而成湖泊（当然湖泊的成因也有多种）。面积广阔的湖

174 苏州耦园东区山池主景。黄晓摄

174

泊又有港湾岛洲，它们的形象也不尽相同。此外，有一部分天然降水渗透土石下面之后潜流到低地再冲出地壳薄处而成泉……这种种的天然水体形式，古人也都因地因势运用在园林创作中，随山形而理水，随水道而掇山 174。

园林里的理水，首先要“察水之来历，源之起由”。因为水源的来龙去脉怎样，水源是否充裕，园地的地势怎样等都会影响到理水形式的选择。一般地说，没有水源，当然就谈不上理水，另一方面，在相地的时候，通常就应考虑到所选园地要有水源条件。如果就水的来源而说，不外地面水（天然湖泊河流溪涧）、地下水（包括潜流）和泉水（指自溢或自流的）。实际上只要园地址内或邻近园址的地方有水源，不论是哪一种，都可用各种方法导引入园而利用起来造成多种水景。

一个园林的具体理水规划是看水源和地形条件而定，有时还要根据主题要求进行地形改造和相应的水利工程。假设在园址的邻近地方有地上水源，但水位并不比园地高，就可在稍上的地点拦坝筑闸贮水以提高水位，然后引到园中高处，比如说叠山掇石的最高处，然后就可以“行壁山顶，留小坑，突出石口，泛漫而下，才如瀑布”（《园冶 · 掇山瀑布》）。这是一景，瀑布的“涧峡因乎石碛，险夷视乎岩梯”，全在因势视形而创作飞瀑、帘瀑、跌瀑、尾瀑等形式，瀑布之下或为砂地或筑有渊潭，又成一景。从潭导水下引，并修堰筑闸，也成一景。我国园林中常在闸上置亭桥（北海后门的水闸上本有亭，现不存；避暑山庄“暖流喧波”的闸上，早先也有亭），又成一景。导水下引后流为溪河，溪河中可叠石中流而造成急湍。溪河可萦回旋绕在平坦的园地上，或由东而西或由北而南出。溪流的行向切忌居中而把园地切半，宜偏流一边。溪流的末端或放之成湖泊或汇注成湖池。湖泊广阔的更可有港湾岛洲，或长堤横隔，岸葺蒲汀，景象更增，例如颐和园的昆明湖、避暑山庄的湖洲区等。当然，上面所引说的，是在地形条件较为理想的情况下，可以有种种理水形式随之而设。一个园林中理水并不需要式式具备，往往只要有一种水景之胜就能突出。苏州的许多宅园，只是就低而有溪池之胜。即便是某个园林里只能有溪流之胜时，也可绕回轩馆四周，或引而长之，萦回曲折在林间，时隐时现，忽收忽放，开合随境。不但宅园中可以这样处理，就以

175 北京谐趣园鸟瞰，园内水池为颐和园后山水系的收束。楼庆西摄

175

颐和园来说，后山的后河也是忽收忽放开合随境，最后放为谐趣园的水池175。

第二节
理水手法

园林里创作的水体形式主要有湖泊池沼，河流溪涧，以及曲水、瀑布、喷泉等水形。先就湖泊、池沼等水体来说，大体是因天然水面略加人工或依地势就低凿水而成。这类水体，有时面积较大，例如北京的北海、中南海，颐和园的昆明湖，杭州的西湖等，可以划船、游泳、养鱼、栽莲等等多种活动。在这类开阔的水面上，为了使水景不致陷于单调呆板和增进深远可以有多种手法，如果条件许可时，可以把水区分隔成水面标高不等的二、三水区，并把标高不等的水区或用长桥相接从而在递落的地方形成长宽的水幕。例如

176 北京颐和园鸟瞰，以长堤将昆明湖分成三片水域。楼庆西摄

176

承德避暑山庄的下湖和银湖相连接地方有跨水的“水心榭”桥，桥下因落差而形成长宽的水幕。也可以用长堤分隔，堤上有桥，例如颐和园的西堤和练桥地方的水幕176。标高不等的水区也可以各自成为一个单位，但在湖水连通地方建闸控制，例如北京的什刹海和北海之间闸，过去闸上还建有亭（称作亭闸），可以观赏水从闸口泻落好似瀑布一样。

开阔的水面上，一望无涯，千顷汪洋是一种表现，也可以使用安排岛屿、布置建筑的手法增进曲折深远的意境。例如避暑山庄的湖洲区，每个岛洲都自成一个景区。也可像颐和园内昆明湖用长桥（十七孔桥）接于孤岛成为跟南湖的分隔线177，又有西堤和小堤的横隔，形成几个景趣不同的水面，即昆明湖、南湖、上西湖和下西湖，每个湖区又各有它自己的岛屿建筑为构图中心，这样，就十里烟雨，湖空一色的画境中辟增了赏景点。这些岛屿大小不同，大的仅有一亭和一些树丛，例如颐和园南湖的凤凰墩；较大的可以有城

177 北京颐和园十七孔桥与龙王岛

177

阁式的建筑成为一个景区，例如颐和园上西湖的治镜阁。

对于开阔水面的所谓悠悠烟水，应在其周围或借远景，或添背景加以衬托。例如避暑山庄的澄湖有淡淡云山可借；颐和园的昆明湖可近借玉泉山，远借小西山；或像中南海那样就以漠漠平林为背景。开阔水面的周岸线是很长的，要使湖岸天成，但又不落呆板，同时还要有曲折和点景。湖泊越广，湖岸越能秀若天成。于是在有的地方垒作崖岸，例如颐和园后湖的绮望轩等布局；或有的地方突出水际，礁石罗布并置有亭，例如颐和园昆明湖的知春亭178。码头、傍水建筑前，适当的地方多用条石整砌，例如颐和园昆明湖的北岸东端从藕香榭、夕佳楼起始转经水木自亲、长廊前直到临河殿以北，全都是条石整砌的湖岸。

规模小的园林或宅园，或大型园林中的局部景区，水体形式取水池为主。例如苏州的拙政园、北海的静心斋等。

178 北京颐和园知春亭。楼庆西摄

178

特别是拙政园，全园以水池为主，池中有岛，岛上有山。环池皆建筑也，得近水楼台之胜，或凭虚敞阁，或石桥跨水，或浮廊可渡。池岸借廊榭轩阁的台基为界而修直整齐，或临池驳以石块而参差曲致，或垂柳柔枝拂水，或翠竹茂密水际，再加上清池倒影更有妙境179。同样临池驳以石块，也要看手法如何。以北海静心斋内抱素书屋前水池来说，面积虽小但因池周的叠石，大小相间，聚散不一，错落有致，曲折凹凸，俨若天成，显得生动自然。水池的式样或方或圆或

179 苏州拙政园池东水景

179

心形，要看条件和要求而定。如果是庭中作池多取整形，往往池凿四方或长方，池岸借廊轩台基用条石整砌，例如北海的春雨林塘殿、静心斋的前庭水池等。

庭园里又常在“池上理山，园中第一胜也。若大若小，更有妙境。就水点其步石，从巅架以飞梁；洞穴潜藏，穿岩径水；峰峦飘渺，漏月招云”（《园冶·池山》）。苏州汪氏耕荫义庄的庭中理山，是优美范例之一，这个宅园原是明代申时行的住宅，现环秀山庄，在补秋山房前亩许的庭中池上理山，以山为主，池为辅。补秋山房前有东西二亭，东亭稍后，高踞假山上，西亭稍前临水池。水池的水面偏西小半和南半，一部分伸入谷内。叠山方面，西南部湖石叠掇，其势峭拔，其貌峥嵘；东北部土多于石，坡缓。整个叠山有两个幽谷，一自南而北，一自西北向东南，在山中部会合。上架石梁。幽谷中涧水潺潺，岩脚有余，高露水上，石致溅湿。也可以穿岩径水入洞，洞穴潜藏玲珑透亮，漏月招云。或从西南曲桥越入登山，山石间藤萝蔓延，杂植枫柏嘉树，俨然山林一般。总之，在这样一块小天地里，胜景自然奇特，据传这个叠山作品是清代戈裕良的杰作。

关于河流溪涧等水体形式的处理也有种种。规模较大的园林里的河流或采取长河的形式。例如颐和园的后溪河，一收一放，开合随境，收合的地方，夹岸叠置湖石，好似峡谷，开放的地方，可设平台于柳暗花明之处。河岸线应随形而变，或呈段丘状，或缓坡接水，或曲折或修直，然后景从

180 北京颐和园后溪河，在收束处建三孔石桥，连接两岸。贾珺摄

180

境出180。溪涧的处理要以萦回并出没岩石山林间为上，或清泉石上流，漫注砾石间，水声淙淙悦耳；或流经砾石沙滩，水清见底；或溪涧环绕亭榭前后，例如济南市金屑泉的庭院；或穿岩入洞而回出，例如苏州环秀山庄的山涧。

瀑布这一理水方式，必须有充裕的水源、一定的地形和叠石条件。从瀑布的构成来说，首先在上流要有水源地（地面水或泉），至于引水道可隐（地下埋水管）可现（小溪形式），其次是有落水口，或泻两石之间（两崖迫而成瀑），或分左右成三四股甚至更多股落水；再次，瀑身的落水状态必须随水形岩势而定，或直落或分段成二叠三叠落下，或依崖壁下泻或凭空飞下等。瀑下通常设潭，也可以是沙地，落水渗下。

181 苏州狮子林池西三叠泉。贾珺摄

181

瀑布的水源可以是天然高地的池水溪河水，或者用风车抽水或虹吸管抽到蓄水池，再经导管到水口成泉。在沿海地区，有利用每天海水涨潮后造成地下水位较高的时候，湖池高水线安水口导水造成瀑泉，例如上海豫园快阁的瀑布。有自流泉条件时，流量大、水量充裕可做成宽阔的幕瀑直落，水花四溅。分段跌落时，绝不能各段等长，应有长有短。或为两叠如上海叶家花园的瀑布，或为三叠如苏州狮子林飞瀑亭的瀑布181、上海桂林公园的瀑布。或仅有较小的水位差时，可顺叠石的左左右右宛转而下，例如颐和园中谐趣园瞩新楼北的玉琴峡，水流淙淙，从山石间注入荷池，其上架有板桥，仿佛置身山谷间。若两个相连的水体之间水位高差较大时，可利用闸口造成瀑布。在设有闸板时，往往可在闸前点石掩饰，其前后和两旁都可包镶湖石，处理得体时极趣自然。闸下和闸前水中点石，在传统上做法是先有跌水石，其次在岸边有抱水石，然后在水流中有劈水石，最后在放宽的岸边有送水石。

中国山水园中各种水体岸边多用石，小型山石池的周岸可全用点石，既坚固（护岸）又自然。此外码头和较大湖池的部分驳岸都可用点石方式装饰。更有进者在浅水落滩或出没花木草石间的溪水，就水点步石，自然成趣。

第五章 植物

第一节 植物题材

观赏植物（树木花草）是构成园林的重要因素，是组成园景的重要题材。园林里用植物构成的群体是最有变化的组成部分。这种特殊性就因为植物是一有机体，它在生长发育中不断地变换它的形态、色彩等形象的表现。这种形象的变化不仅是从幼年而壮年而老年的历史发展，就是一年之中也随着季节的变换而变化。这样，由于植物的一系列的形象变化，借它们构成的园景也就能随着季节和年份的进展而有多样性的变化[182]。

中国园林中历来对于植物题材的运用和造景手法是怎样的，起些什么作用，由于过去有关园林里植物造景的记载语焉不详而感到困难。历来园林的记载中对于植物题材，说一句“奇树异草，靡不具植”（如《西京杂记》袁广汉条），

182 无锡蠡园春景。蠡园管理处提供

182

或说到“树以花木”，“茂树众果，竹柏药物具备”（如《金谷园亭》），或提到“高林巨树，悬葛垂萝”（《华林园》）或举例松柏竹梅等花木的植物名称而已。从这样简单的三言两语中，很难了解园林里的植物题材是怎样运用造景的，怎样构成园景和起些什么作用。但另一方面，特别是宋代以来的花谱、艺花一类书籍中，有对于植物的描写，写出了人们对于观赏植物的美的欣赏和享受。此外，从前人对于植物的诗赋杂咏中也可以发掘到人们由于植物的形象而引起的思想情感。从诗赋中也可以间接地推想和研究古人在园林中，组织植物题材和欣赏的意趣。

从初步研究的结果看来，我国园林中历来对于植物题材的运用，如同山水的处理一样，首先要在得其性情。所谓得其性情就是从植物的生态习性、叶容、花貌及其色彩和枝干姿态等形象所引起的情感来认识植物的性格或个性。把握了这个之后，就能运用由于观赏植物的某种性质所能引起的精神上的影响作为表现的主题。当然这种情感和想象是要能符合于植物形象的某个方面或某种性质，同时又符合于社会的客观生活内容。

第二节
植物的艺术认识

从上述这个方面，我们对植物题材的研究，需要博览群书，从类书、杂记、诗集中去搜集资料进行整理。同时，由于社会的人处在不同的生活关系、场合或条件中，对同一种植物会有不同的艺术感受，或者说对植物的艺术认识也是不同的。譬如古人有“梧桐飒飒，白杨萧萧”的感受，是别恨离愁的咏叹，这是由于一定的生活关系、场合即当时的情境而有的。今人沈雁冰同志（茅盾）在抗日战争时期曾写过一篇《白杨礼赞》，大致描写了白杨的活力、倔强、壮美等性格。这个描写的情景交融的感受更符合客观现实中的白杨的性质、特征和社会生活的内容，因此也就更能引导人们欣赏白杨。艺术上的一句名言，“形象大于主题”，说明了自然物及其形象的自然美虽是离开了人的意识而存在的，但人们给它以意识即感情、想象上的性格化主题，却是随着人们社会生活的发展而发展的。

总之，这种具有特定的具体内容的感受是随着民族、时代、传统而不同的。比如西方人对于某种植物的美的感受就

183 无锡寄畅园卧云堂前对植的古樟

183

跟我们不同。拿菊花来说，我们爱好花型上称作抱的品种，而西方人士却爱好花型整齐像圆球般球形品种。这也由于彼此对线条的表现爱好不同。从中国画中可以体会到我们对于线条的运用喜好采取动的线条。譬如画个葫芦或衣褶的线条都不是画到尽头的，所谓意到笔不到，要求有含蓄，求之余味。正因为这样，在选取植物题材上好用枝条横施、疏斜、潇洒、有韵致的种类。由于爱好动的线条，在园林中对植物题材的运用上主要表现某种植物的独特姿态，因此以单株的运用为多，或三四株、五六株丛植时也都是同一种树木疏密间植，不同种的群植较少采用 183。西方人就爱好外形整齐的树种，能修剪成整枝的树种，由于线条整齐，树冠容易互相结合而有综合的线条表现构成所谓林冠线。

对于植物的艺术认识，首先从植物的生态和生长习性方面来看。以松为例，由于松树生命力很强，无论是瘠薄的砾石土、干燥的阳坡上都能生长，就是峭壁崖岩间也能生长，甚至生长了百年以上还高不满三四尺。松树，不仅在平原上有散生，就是高达一千数百米的中高山上也有生长。古人云："松为百木之长，诸山中皆有之。"由于松"遇霜雪而不凋，历千年而不殒"，"岁寒然后知松柏之后凋"，因此以松为忠贞不渝的象征。就松树的姿态来说，幼龄期和壮龄期的树姿端正苍翠，到了老龄期枝矫顶兀，枝叶盘结，姿态苍劲。因此园林中若能有乔松二三株，自有古意。再以垂柳为例，本性柔韧，枝条长软，洒落有致，因此古人有"轻盈袅袅占年华，舞榭妆楼处处遮"的咏句。垂柳又多植水滨，微风摇荡，"轻枝拂水面"，使人对它有垂柳依依的感受。

由于树木和花的容貌、色彩、芳香等引起的精神上的影响而有的诗句是最丰富的。清代康熙时增辑的《广群芳谱》，辑录有丰富的诗料，可供研究。这里只能略提几种最著称的花木为例作为说明。以梅为例："万花敢向雪中出，一树独先天下春"（杨廉夫诗）是从梅的花期而引起的对梅的品格的颂赞。林和靖诗句中"疏影横斜水清浅，暗香浮动月黄昏"，更道出了梅的神韵。人们都爱慕梅的香韵并称颂其清高，所谓清标雅韵，亮节高风，是对梅的性格的艺术认识。

正由于各种花木具有不同的性质、品格，在园林里的种植必须位置有方，各得其所。清代陈扶摇在《花镜》课花十八法之一的"种植位置法"一节里有很好的发挥。他提到

184明代宋懋晋《寄畅园五十景图》之『盘桓』，描绘了石峰、孤松和古藤，为园林经典搭配

184

种植的位置首先要根据花木的生态习性，因此说："花之喜阳者，引东旭而纳西晖；花之喜阴者，植北囿而领南薰。"同时又说："其中色相配合之巧，又不可不论花。"他认为："梅花蜡瓣之标清，宜疏篱竹坞，曲栏暖阁，红白间植，古干横施"；"桃花夭冶，宜别墅山隈，小桥溪畔，横参翠柳，斜映明霞"；"杏花繁灼，宜屋角墙头，疏林广榭"；"梨之韵，李之洁宜闲庭旷圃，朝晖夕蔼"；"榴之红，葵之灿，宜粉壁绿窗，夜月晓风"；"海棠韵娇，宜雕墙峻宇，障以碧纱，烧以银烛，或凭栏，或欹枕其中"；"木樨香胜，宜崇台广厦，挹以凉飔，坐以皓魄"；"紫荆荣而久，宜竹篱花坞；芙蓉丽而开，宜寒江秋沼"；"松柏骨苍，宜峭壁奇峰，藤萝掩映"184；"梧竹致清，宜深院孤亭，好鸟间关"；等等。他认为草木方

面的“荷之鲜妍，宜水阁南轩，使薰风送麝，晓露擎珠”；“菊之操介，宜茅舍清斋，使带露餐英，临流泛蕊”。又说：“至若芦花舒雪，枫叶飘丹，宜重楼远眺；棣棠丛金，蔷薇障锦，宜云屏高架。”总之，“其余异品奇葩，不能详述，总由此而推广之，因其质之高下，随其花之时候，配其色之浅深，多方巧搭，虽药苗野卉，皆可点缀姿容，以补园林之不足，使四时有不谢之花，方不愧为名园二字”。

上面这些举例，虽然仅窥一斑，已可概见所谓得其性情来运用植物题材的特色。这种从植物的生态习性，叶容花貌等感受而引起的精神上的影响出发，从而给予各种植物以一种性格或个性，也就是所谓“自然的人格化”，然后借着这种艺术的认识，以植物为题材，创作艺术的形象来表现所要求的主题，这是我国园林艺术上处理植物题材的优秀传统，是客观通过主观的作用。但重要的是怎样从植物的具体形象上去把握其性格品质，同时这种感受和性情的把握既符合于自然形象的某一性质或方面，也符合于客观现实中的社会生活内容。然后才能生动地深刻地用它们来创作园林中艺术的形象，并由于这个生动活泼的艺术形象能够引起游人有同样的情感和想象，同样的主观上精神影响。问题还在于我们用形象所要表现的主题是怎样的一种思想感情，是哪个集团、阶级、民族的思想感情。

或有认为某些观念是封建社会的思想意识，因此连由传统习惯上已构成的象征某些观念的植物种类也要弃而勿用，

185 明代仇英《独乐园图》之『浇花亭』，周围花栏中植有牡丹。美国克利夫兰美术馆藏

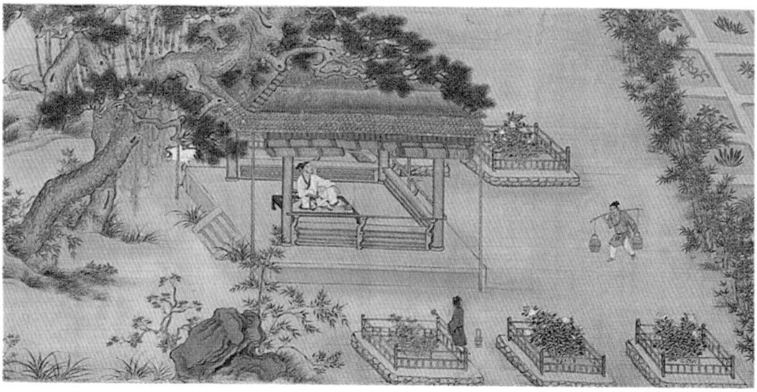

185

这是不正确的。例如“牡丹富贵”，因此欣赏牡丹就是资产阶级气息，这种想法是错误的，牡丹有知必然会叫屈的。因为牡丹是一客观存在的优美的观赏植物，花朵盛大，色彩富丽，有着豪放的气息185。劳动人民同样爱好牡丹花，但爱好牡丹花的阶级心理当然和封建地主阶级的心理不同，这是可以理解的。我们不能根据封建社会的欣赏观念来否定一个客观存在的人人可以欣赏的对象。同样的立论，我们不能因为幽雅、冷洁、宁静是封建社会士大夫的超脱境界中的观念，在创作今天的新型园林中连幽雅、宁静等主题也完全不需要了。比如说一个综合休息公园中需要有工余散步的安静的休息区，或要有适合老年人散步的分区，难道说这种静的休息区也要用大红大绿的色彩、开朗的主题吗？毫无疑问，这种静的休息区应该是以幽雅清静为主题的，才是符合任务和要求的。

我国历来文人，特别是宋以后，常把植物人格化后所赋予的某种象征固定起来，认为由于植物引起的这样一种象

征确立之后，就无须在作品中再从形象上感受而从直接联想上就产生某种情绪或境界。梅花清标韵高，竹子节格刚直，兰花幽谷品逸，菊花操介清逸，于是梅兰竹菊以四君子入画。荷花是出淤泥而不染也是花中君子。此外还有牡丹富贵、红豆相思、紫薇和睦、茑萝姻娅等等。比拟的运用固然简化了手法，然而比拟某种性格有时虽能勉强说明一些概念，引起联想，但其感染力显然是很微弱的。过去还有因石榴的果实多子，于是作为“多子多孙”的象征，由蝙蝠的字音而转为“福”的象征，鹿转为“禄（财富）”的象征，更是文字游戏，是庸俗的，一无可取。

今天，我们不能局限于传统上象征某些观念的种类，应当充分运用祖国极其丰富的植物材料，各种各样植物的生动的具体的形象，来表现社会主义所要求的主题。在这里还应当指出，不是说比拟的手法完全不宜用，有时还是需要的。例如“五月石榴红如火”，把石榴花开时红花朵朵、如火如荼比拟着火一般燃烧着的热情还是可以的。因为石榴花（红花品种）开时确具备着这样一种自然而明朗的感情饱满的条件。

第三节
园林植物的配置方法

中国园林中对于植物题材的配置方式，根据场合、具体条件而不同。先就庭院这个场合来说，大都采用整齐的格局。我国一般住宅的院落（四合院）有正房，有东、西房，合成正方形或长方形的庭（南方称作天井），在这种场合下，自然以采取整形的配置为宜，大抵依正房的轴线在它的左右两侧对称地配置庭荫树或花木。若是砖石铺地的庭院，为了种植，或沿屋檐前预先留出方形、长方形、圆形的栽植畦池；或满铺时也可用盆植花木来布置，更有用花台来种植灌木类花木。这种高出地面、四周用砖石砌的花台，或依墙而筑，或正位庭中。花台上还可点以山石，配置花草。在后院、跨院、书房前、花厅前，通常不采用上述这种整形布置，或粉墙前翠竹一丛或花木数株并散点石块，或在嘉树下缀以山石配以花草[186]。

再就宅园单独的园林场合来说，树木的种植大都不成行列，具有独特姿态的树种常单植作为点景[187]。或三四株、五六株时，大抵各种的位置在不等边三角形的角点上，三三两两，看似散乱，实则左右前后相互呼应，有韵律有联结。花朵繁密色彩鲜明的花木常丛植成林。例如梅林、杏林、桃林等。这类花木都有十多种到数十种品种，花色以红、粉、白为主，成丛成林种植时，红白相间，色调自然调和。

少量花木的丛植很重视背景的选择。一般地说，花色浓深的宜粉墙，鲜明色淡的宜于绿丛前或空旷处。以香胜的花木，例如桂花、白玉兰、蜡梅等，更要地位适当才能凉飔送香。

植物的配置跟建筑物的关系也是很密切的。居住的堂

186 苏州留园华步小筑，以藤石构成雅致小景

186

187 苏州网师园看松读画轩前孤植的宋代古柏。贾珺摄

187

屋，特别是南向的、西向的都需要有庭荫树遮于前。更重要的，是根据花木的性格和不同的建筑物、结构物互相结合地配置。诚如前面列举的（见陈扶摇《花镜》），梅宜疏篱竹坞，曲栏暖阁；桃宜别墅山隈，小桥溪畔；杏宜屋角墙头，疏林广榭；梨宜闲庭旷圃；榴宜粉壁绿窗；海棠宜雕墙峻宇；等等188。

中国园林中对于草花的配置方式也是多种多样的。在有掇山小品或叠石的庭中，就山麓石旁点缀几株花草，风趣自然。叠石小品要结合种植时，还应在叠石时就先留有植穴，一般在庭前、廊前或栏杆前常采用定形的栽花床地，或用花畦，或用花台。所谓花畦（又称花池子）是划分出一定形状的床地，或方形或长方形，较少有圆形，周边或有矮篱（用细竹或条木制）或砌边（用砖瓦或石，式样众多），在畦

188 明代宋懋晋《寄畅园五十景图》之『涵碧亭』，蔷薇斜伸向水面，姿态动人

188

中丛植一种花卉或群植多种花卉。花畦边也可种植特殊的草类来形成。在路径两旁，廊前栏前，常以带状花畦居多，但也有用砖瓦等围砌成各种式样的单个的小型花池，连续地排列。在粉墙前还可用高低大小不一的石块圈围成花畦边缘。

中国园林里也有草的种植，但不像近代西方园林里那样加以轧剪成为平整的草地。历来在台地的边坡部分或坡地上，主要用莎草科的苔草（Carex）、禾本科的爬根草（Cynodon）、早熟禾（Poa）、梯牧草（Phleum）等，种植后任它们自然成长，绿叶下向，天然成趣。在阶前、路旁或花畦边常用生长整齐的草类，例如吉祥草（Liriope）和沿阶草（又称书带草，Ophiopogon）等形成边境。至于一般园地常任天然草被自生，但加以培植，割除劣生的野草，培植修洁的草类以及野花，不仅绿草如茵，而且锦绣如织毯。

水生和沼泽植物在自然界是生长在低湿地、沼泽地、溪旁河边或各种水体中。在园林里既要根据水生植物的生态习性来布置，又要高低参差，团散不一，配色协调。在池中栽植，为了不使它们繁生满池，常用竹篓或花盆种植，然后放置池中。庭院中的水池里要以形态整齐、以花胜的水生植物为宜，也可散点茨菰、蒲草，自成野趣。至于园林里较大的湖池溪湾等，可随形布置水生植物，或芦苇成丛形成荻港等。

插图索引